实验动物科学丛书 8

丛书总主编 / 秦川

Ⅰ实验动物管理系列

实验室管理手册

Laboratory Management Manual

高　虹 ◎ 主编

科 学 出 版 社

北 京

内 容 简 介

本手册是笔者在长期工作中总结的实验室管理技术方法，采用图片和简要文字说明相结合的方式，理论与实际工作相结合，介绍了组织管理、人员管理、设备管理、实验材料管理和实验动物管理等内容，适用于每个实验室管理者，可以解决他们工作中遇到的常见问题。

本手册可作为实验管理人员、实验室工作人员的培训教材，是实验室相关工作人员提升实验室操作规范的重要参考用书。

图书在版编目（CIP）数据

实验室管理手册 / 高虹主编. —北京：科学出版社，2019.5
（实验动物科学丛书 / 秦川总主编；8）
ISBN 978-7-03-061110-9

Ⅰ. ①实… Ⅱ. ①高… Ⅲ. ①动物疾病－实验室管理－手册 Ⅳ. ①S854.4-62

中国版本图书馆CIP数据核字（2019）第080333号

责任编辑：罗 静 刘 晶 / 责任校对：郑金红
责任印制：赵 博 / 封面设计：图阅盛世

科 学 出 版 社 出版
北京东黄城根北街 16 号
邮政编码：100717
http://www.sciencep.com
涿州市般润文化传播有限公司印刷
科学出版社发行 各地新华书店经销
*
2019年5月第 一 版 开本：890 × 1240 1/32
2025年1月第三次印刷 印张：3 3/8
字数：100 000

定价：98.00元
（如有印装质量问题，我社负责调换）

编写人员名单

丛书总主编：秦　川

主　　　编：高　虹

编写人员（以姓氏汉语拼音为序）：

高　虹　中国医学科学院医学实验动物研究所

林凯丽　中国医学科学院医学实验动物研究所

刘梅轩　中国医学科学院医学实验动物研究所

肖　冲　中国医学科学院医学实验动物研究所

序

实验动物学以实验动物和动物实验技术为研究对象，为科学研究提供系统的生物学材料和相关技术，是生命科学、医学、药学、农业、环境、食品，甚至军事等众多学科和行业发展的基础，它不仅直接关系到人类疾病研究、新药创制、动物疫病防控、环境与食品安全、生物安全与生物反恐，而且在航天航海等领域也具有特殊作用。

实验动物学虽然是一门新兴交叉学科，但古代早已有通过研究动物以探索生命奥秘的记载。例如，西方医学的奠基人希波克拉底通过动物解剖创立了四体液病理学说；古希腊的亚里士多德研究动物形态学和分类学，将动物学体系分为形态描述、器官解剖和动物生殖三部分；古罗马的盖伦通过研究动物获得大量解剖知识，从而形成了生理学体系；英国皇家御医哈维通过对不同动物的活体解剖，了解到心脏跳动的实际情况。在这个时期，动物单纯被用于科学实验，尚未形成“实验动物”的概念，更遑论学科。但是，这些研究促进了对动物生理学和解剖学的认识。近代科学家们重新开展动物实验，才推动了实验动物学科的萌芽。1902年，哈佛大学的卡斯特利用孟德尔遗传定律繁育小鼠，培育出第一个近交系小鼠，标志着实验动物学科的建立。在应用过程中，为了将实验动物自身因素对科学实验的干扰降到最低，实验动物自身的微生物和疾病受到重视，因此，继生理学、解剖学、动物学、遗传学之后，微生物学、兽医学和免疫学的理论和技术也不断融入，并促进了实验动物学科的发展。

一门学科所惠及的领域越多，其获得的反哺就越多，理论和知识的增长就越迅速，实验动物学科无疑是这样一门学科。科学家几乎汇聚了人类所有的知识和方法用于实验动物，从而认识疾病、对抗疾病、守护健康。尤其是当代，分子生物学、细胞生物学、医学、药学、环境、生物安全、物理学、化学、生物工程学等，这些学科的相关知识和技术融入后，使实验动物学科不断发展壮大。我最初加入实验动物行业时，曾参编了国内第一本《实验动物学》教材，当时国际上实验动物学科也仅有寥寥数本教材。数十年内，它已经繁衍出了实验动物遗传学、实验动物微生物学、实验动物医学、动物实验技术等分支，不断扩充着学科的内涵和外延，资源和技术的种类更是以滚雪球的方式增长，原有教材和专著远无法涵盖日益庞大的学科体系，对从业人员来说更是杯水车薪。

实验动物学科以及相关学科的规范发展，需要建立在从业人员对学科系统认知的基础上。因此，我倡议出版一套涵盖基础理论和应用技术的实验动物科学丛书，随后与中国医学科学院医学实验动物研究所和中国实验动物学会的专家一同研讨、规划和设计，最终将丛书分为九个系列，分别是：Ⅰ实验动物管理系列、Ⅱ实验动物资源系列、Ⅲ实验动物基础科学系列、Ⅳ比较医学系列、Ⅴ实验动物医学系列、Ⅵ实验动物福利系列、Ⅶ实验动物技术系列、Ⅷ实验动物科普、Ⅸ实验动物工具书系列。该丛书旨在使科技人员、教师、学生，甚至公众能系统而精准的了解学科自身及应用领域的理论、技术、方法和新进展，促进实验动物科技人才培养，促进本行业和相关行业的发展。丛书共计划出版35本书，但相信随着学科不断发展，这个数字还会增长。

该书《实验室管理手册》为Ⅰ实验动物管理系列中的一本，采用图文并茂的方式，介绍了实验室的组织管理、人员管理、设备管理、实验材料管理和实验动物管理等实验室管理工作。

该书在保证科学性前提下，力求通俗易懂、图文并茂，容知识性与实用性于一体，结合长期的科研实践，生动地将实验室管理相关知识呈现给读者，是广大实验动物科学、医学、药学、生物学、兽医学等相关领域科研、教学、生产、研究生等相关人员了解相关实验动物科学知识的理想读物。

总主编　秦川 教授

中国医学科学院医学实验动物研究所所长

北京协和医学院医学实验动物学部主任

中国实验动物学会理事长

2019年1月

前　言

实验室管理是科研院所实验室建设不可或缺的重要组成部分，实验室管理的好坏直接关系到科研、教学能否顺利进行。近年来，由于实验室仪器使用或实验操作不当，导致实验结果不准确，甚至实验室事故时有发生。如何规范实验室管理，使实验室发挥更大的作用，已成为实验室管理工作的重要内容。因此，改进实验室管理方法，提高科学管理水平，对实验教学的有效开展和科研质量的提高有着重要的作用。如何强化管理，将实验室管理工作纳入制度化、规范化、服务化、信息化的科学管理体系是各个实验室管理者普遍关注的问题。为使实验室人员掌握规范的操作方法，增强管理意识，笔者编写了此实验室管理手册。

本书是笔者在长期工作中总结的可能出现问题的实验室常见操作，采用图片和简要文字说明相结合的方式，图文并茂，理论与实际工作相结合，介绍了组织管理、人员管理、设备管理、实验材料管理和实验动物管理等内容，适用于每个实验室管理者，可以解决他们工作中遇到的常见问题。本书可作为实验管理人员、实验室工作人员的培训教材。

本书在实验动物科学丛书总主编秦川教授的规划和提议下编写。在编写过程中，秦川教授先后多次对书稿内容进行了系统地修改校对，并提出了一些具体的修改意见。本书于 2018 年 1 月召开编委会，确定编写提纲和编写体例，2018 年 11 月完成。参加本书编写的作者均是从事实验室管理的专业人士。希望本书的出版对读者有所帮助。本书在一些细节上精心设计，力求为实验人员在实验室基本科研训练中提供一本实用性强的参考书。

本书的编写受到国家艾滋病和病毒性肝炎等重大传染病防治科技重大专项《重大及突发传染病动物模型研制及关键技术研究》（课题号：2017ZX10304402）和中国医学科学院医学与健康科技创新工程项目《人类疾病动物模型平台》（课题号：2016-I2M-2-006）的资助，在此一并感谢。

限于笔者水平，书中难免存在疏漏，敬请读者指正。

高　虹

2019 年 3 月

目　录

第1章　组织管理

随着现代科学技术的不断更新和发展，对实验室的管理工作提出了更新、更高的要求。实验室组织管理是对实验室管理中建立健全管理机构，合理配备人员，制订各项规章制度等工作的总称。其目的在于确保以最高的效率，实现组织目标。

1.1　实验室人员职责

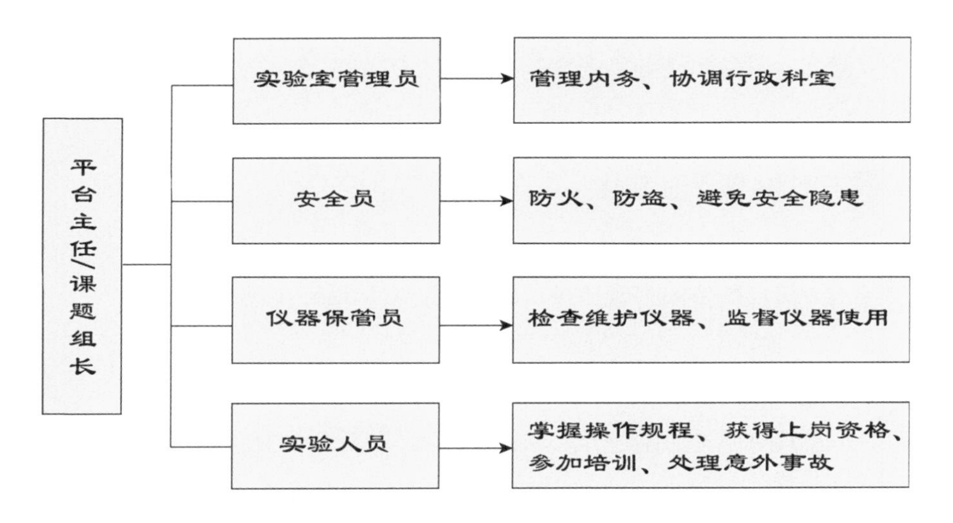

1.1.1　平台主任/课题组长职责

(1) 接受有关生物安全知识培训，熟悉国家相应政策、法规、技术规范，熟悉本科室从事实验相关人员、环境、工作内容和相应的生物安全要求，熟悉生物安全事故的应急处置和上报程序，有较强的组织能力，有解决相关技术问题的能力，对工作有高度的责任心。

(2) 指定本部门的实验室管理员、安全员和仪器保管员。明确实验室的组织和管理结构，包括与其他相关部门的关系。规定所有人员的职责、权利和义务。

(3) 为实验室安全第一责任人。

(4) 保证本部门实验室的各种设备和实验条件符合实验要求。

(5) 保证本部门的工作人员和学生明确所承担的工作，执行实验室的相关规定。

(6) 应给本部门工作人员提供继续培训及教育的机会，保证实验人员可以胜任所分配的工作。

(7) 为实验人员提供符合要求的实验物品和器材。

1.1.2 安全员职责

(1) 检查实验室防火、防盗等安全隐患。

(2) 有责任和义务提醒实验人员避免因个人原因造成生物安全事件或事故。

1.1.3 仪器保管员职责

(1) 定期检查、维护仪器设备，保证仪器的正常运行。

(2) 保证仪器的正常使用，监督实验人员做好仪器使用记录。

1.1.4 实验人员职责

(1) 具备相关的专业教育和工作经验，熟练掌握有关标准操作规程、仪器设备操作规程。

(2) 通过相关的实验室知识、技术考核，获得相应的上岗资格。

(3) 按要求参加生物安全知识和技术培训，掌握相关技术规范，掌握与所承担工作有关的生物安全基本情况，了解所从事工作的生物风险，掌握常规消毒原则和技术。

(4) 掌握意外事件和生物安全事故的应急处置原则与上报程序。

1.2 生物安全管理

生物安全委员会是科研院所生物安全活动的监督、检查机构。实验室管理部门负责科研院所各类生物安全实验室、动物设施的管理。生物安全管理组织结构见下图。

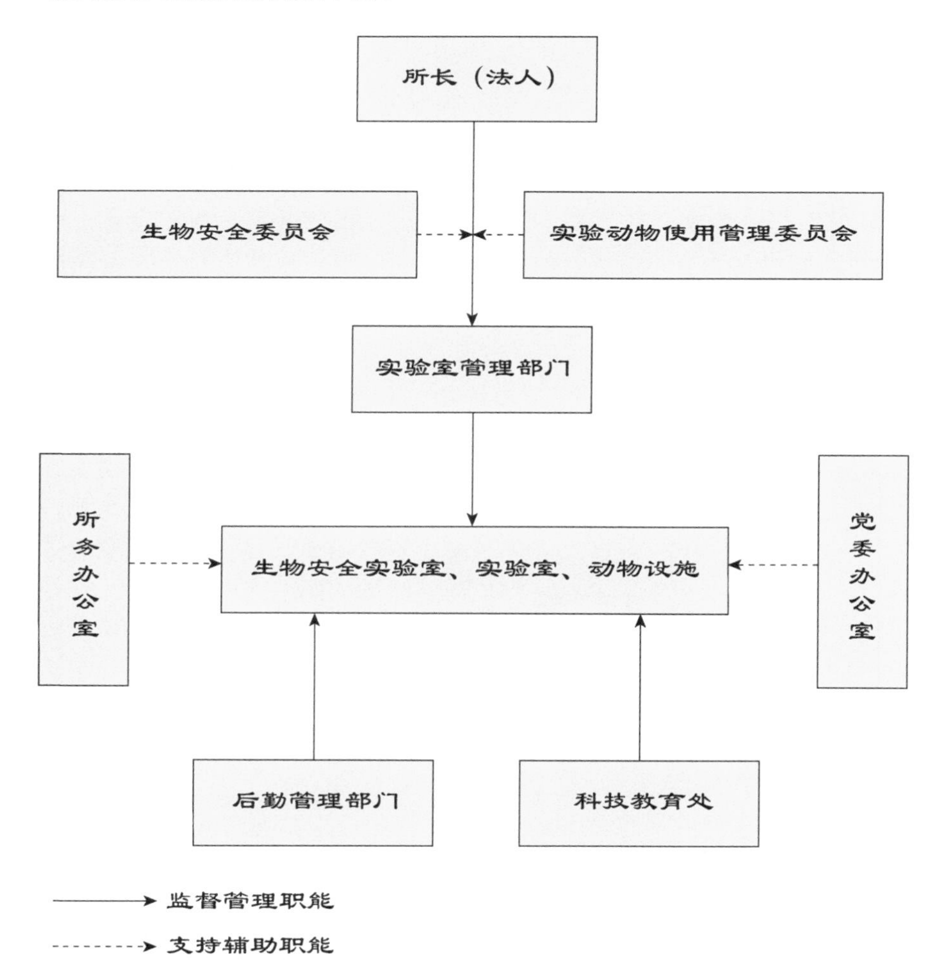

1.3 消防安全

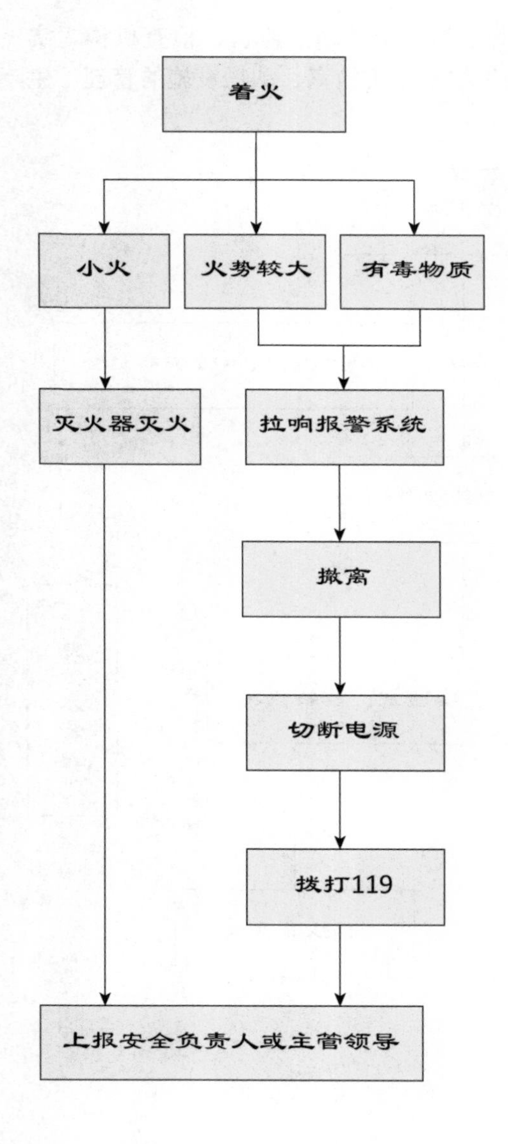

(1) 安全保卫部门负责制订年度消防计划：对实验人员进行培训，定期检查消防设施和报警系统，定期检查消防安全，每年一次消防演习。

(2) 实验室常见起火原因：电量超负荷，线路老化，电器停机状态长期未关闭电源，明火，通气管道老化，滥用火种，易燃、易爆品使用或储存不当等。

(3) 可燃性液体或气体的管理：少量存放于专用储存柜中，远离热源、火源，输送气体管道安装紧急关闭阀门。

(4) 如发生小火，使用灭火器灭火。扑灭后查找失火原因。

(5) 如火势较大并发现有毒物质泄露，人员紧急撤离并拉响警报，切断电源，拨打火警电话。

(6) 无论火势大小，均应上报安全负责人或主管领导。

1.4 意外事故处理

意外事故是人在为实现某种意图而进行的活动过程中，突然发生的、违反人类意志的、迫使活动暂时或永久停止的事件，即事故造成人员伤害、死亡、职业病或设备设施等财产损失和其他损失的意外事件。

1.4.1 刺伤、割伤

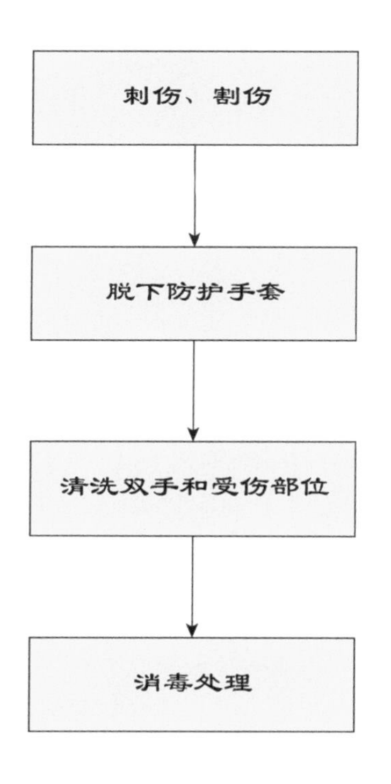

(1) 发生刺伤或割伤时，迅速脱去防护手套。

(2) 清洗双手，用生理盐水冲洗伤口。

(3) 尽量挤出伤口处血液，禁止局部挤压。

(4) 碘伏消毒。

(5) 必要时就医。

1.4.2 危害气体泄漏

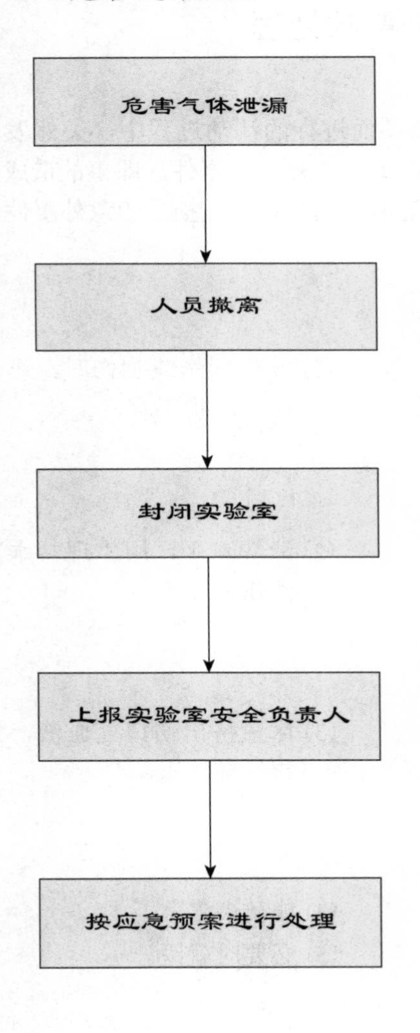

(1) 当发生危害气体泄漏时，人员迅速撤离并封闭实验室。

(2) 门上张贴“停用”标识，封闭实验室。

(3) 立即上报实验室安全负责人。

(4) 根据气体危害性质采取紧急处理措施。

1.4.3 感染性物质溢洒

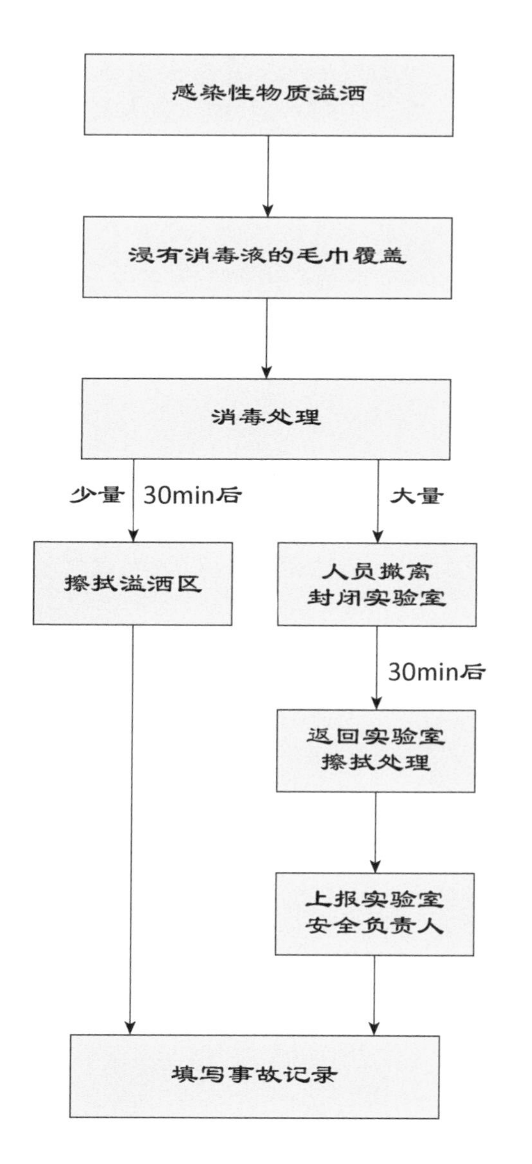

(1) 从事感染性病原实验的实验室应配备溢洒工具箱。

(2) 发生感染物质溢洒时，用浸有消毒液的毛巾覆盖污物。

(3) 少量溢洒，30min 后擦拭溢洒区域。

(4) 若发生大量溢洒（易产生气溶胶），覆盖污染物后人员立即撤离，门口张贴“停用”标识，避免人员进入，30min 后返回实验室进行擦拭处理，并上报实验室安全负责人。

(5) 填写事故处理记录。

1.4.4 人员晕倒

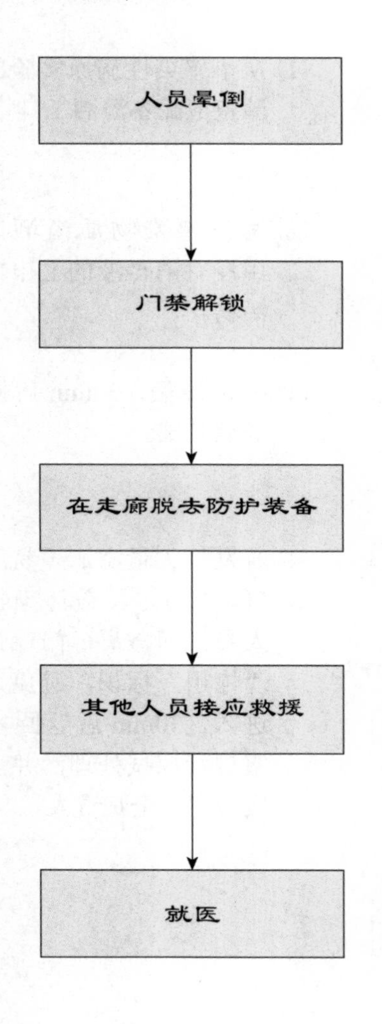

(1) 当有人员在实验室内晕倒时，其他工作人员迅速解锁门禁系统，启动报警装置。

(2) 将晕倒人员扶至走廊，脱去防护装备（口罩等）。

(3) 由急救人员在实验室外接应救援。

(4) 必要时就医。

1.5 事故报告

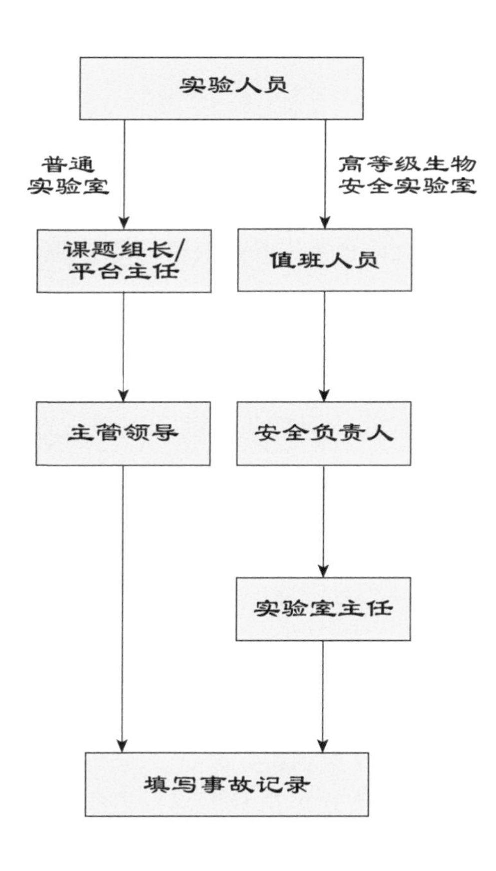

(1) 普通实验室：发生严重意外事故，需要立即报告课题组长或平台主任，上报主管领导，协助主管领导制订预防措施。

(2) 高等级生物安全实验室：实验人员应立即通知实验室值班人员，上报实验室安全负责人和实验室主任，协助安全负责人制订预防措施。

(3) 填写事故处理记录。

第 2 章　人 员 管 理

实验人员是科学管理实验室的基本队伍，在整个实验室的管理和运作中起着决定性作用。随着科学技术的发展及实验室管理的逐渐深化，很多实验室都把实验室人员管理作为实验室长远发展的要务之一。加强对实验人员在职业道德、专业技能、个人防护等方面的培训，是实验室正常运行的有利保证。

2.1　外来人员管理

2.1.1　外来实验人员管理

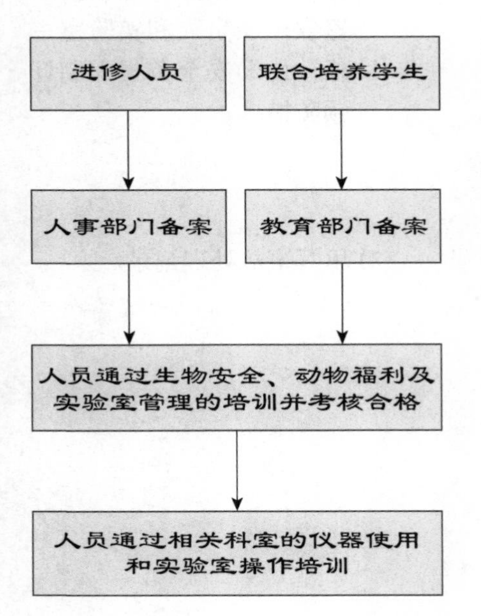

(1) 外来实验人员包括到本单位进修人员，以及与本单位联合培养的学生。

(2) 到本单位进修人员应到人事部门备案，与本单位联合培养的学生应到教育部门备案。

(3) 人员通过由管理部门组织的生物安全、动物福利和实验室管理的培训，并考核合格。

(4) 人员通过相关科室的仪器使用和实验室操作培训。

(5) 接受实验室管理部门的监督，对不符合要求的人员停止其工作。

2.1.2 外来检查专家

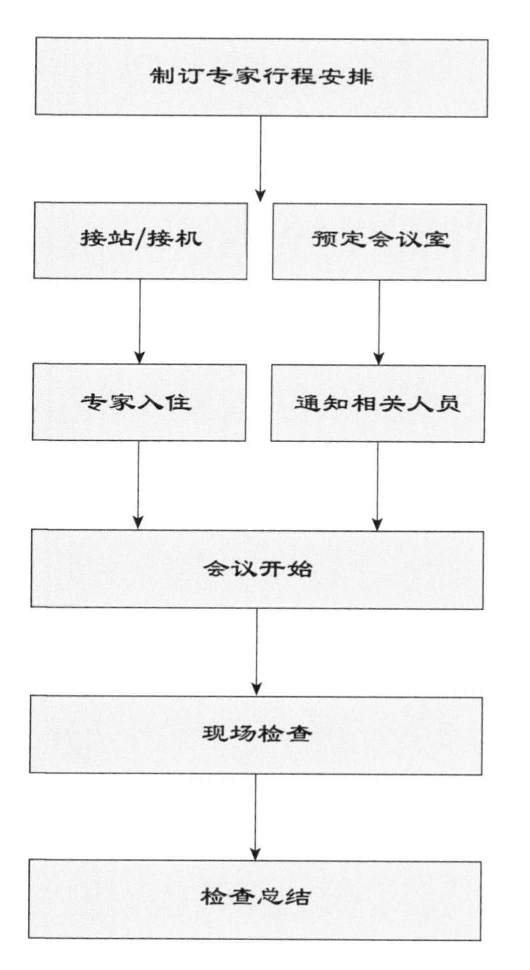

(1) 确定专家检查/来访目的，制订行程安排。

(2) 准备专家名牌，工作人员提前到火车站/机场接站或接机，并送至入住酒店。

(3) 根据行程预定会议室，通知主要科室及领导。

(4) 会议开始前，相关人员提前到会议室，工作人员提前到入住酒店接专家到会议室。

(5) 现场检查时，实验室人员对专家文明礼貌，不卑不亢地回答问题。

(6) 检查总结结束，待专家离场后相关人员方可离开，工作人员到专家入住酒店办理退房。

2.2 实验人员与实验委托方沟通

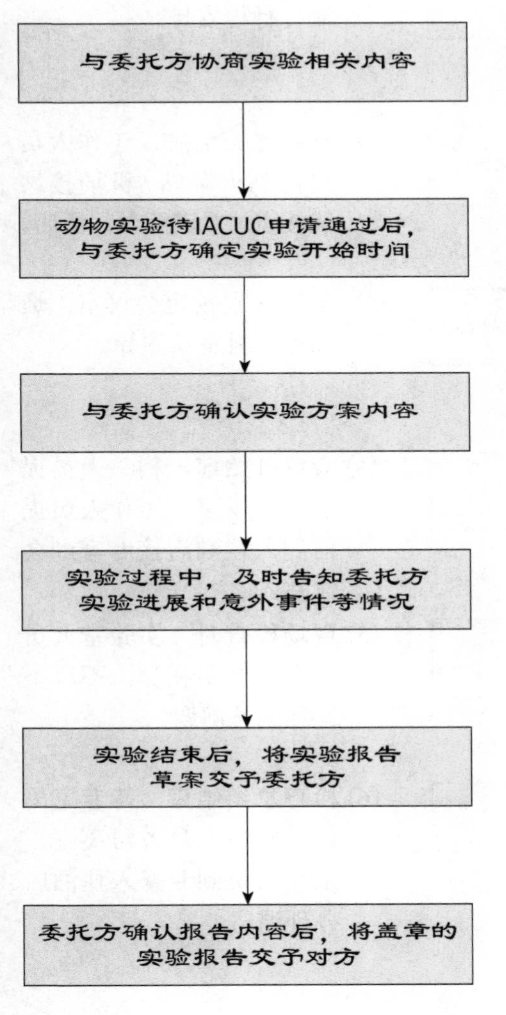

(1) 实验负责人与委托方协商供试品、实验动物种类和数量、采用的实验方法、实验周期等内容。

(2) 如涉及动物实验，待 IACUC 申请通过后，与委托方确定实验开始时间。

(3) 与委托方确认实验方案内容。

(4) 实验过程中，及时告知委托方实验进展和意外事件等情况。

(5) 实验结束后，将实验报告草案交予委托方。

(6) 委托方确认报告内容后，将盖章的实验报告交予对方。

2.3 接听电话流程

实验室接到与业务相关的电话，一般包括实验室检查、咨询、投诉、实验进展等内容，按照流程图转接到不同科室，并按照表格内容进行详细记录。

接听电话记录单

<table>
<tr><td rowspan="2">来电单位</td><td rowspan="2"></td><td>联系人</td><td></td><td>记录人</td><td></td></tr>
<tr><td>电话</td><td></td><td>时间</td><td></td></tr>
<tr><td colspan="6">内容：</td></tr>
<tr><td colspan="6">反馈人员：</td></tr>
<tr><td colspan="6">处理意见：</td></tr>
</table>

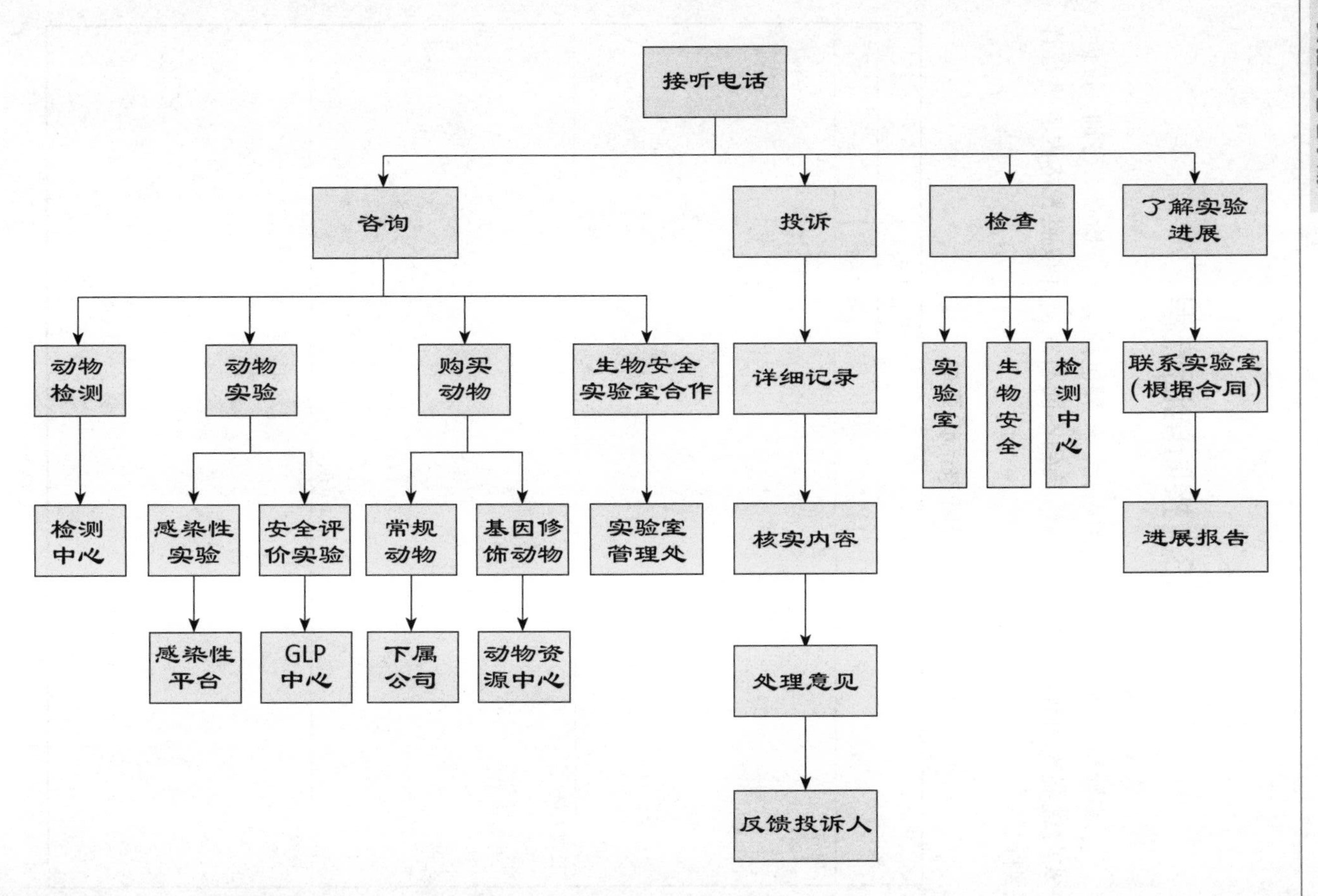
接听电话
咨询
投诉
检查
了解实验进展
动物检测
动物实验
购买动物
生物安全实验室合作
详细记录
实验室
生物安全
检测中心
联系实验室（根据合同）
检测中心
感染性实验
安全评价实验
常规动物
基因修饰动物
实验室管理处
核实内容
进展报告
感染性平台
GLP中心
下属公司
动物资源中心
处理意见
反馈投诉人

2.4 人员资质要求

2.4.1 进入动物设施人员资质要求

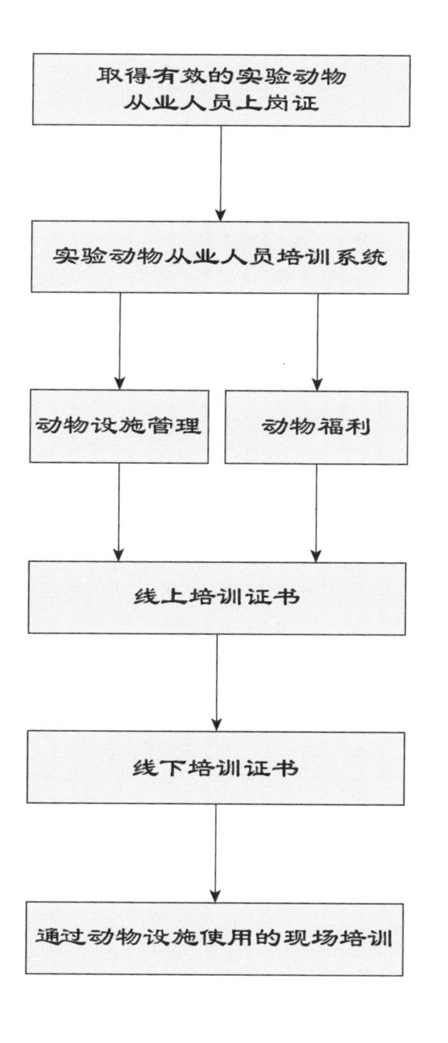

(1) 取得人员所在省（自治区、直辖市）实验动物管理部门颁发的实验动物从业人员上岗证，并在有效期内。

(2) 登录“实验动物从业人员培训系统”。

(3) 获得《动物设施管理》和《动物福利》模块的线上和线下培训证书。

(4) 通过动物设施使用的现场培训。

2.4.2 进入生物安全实验室人员资质要求

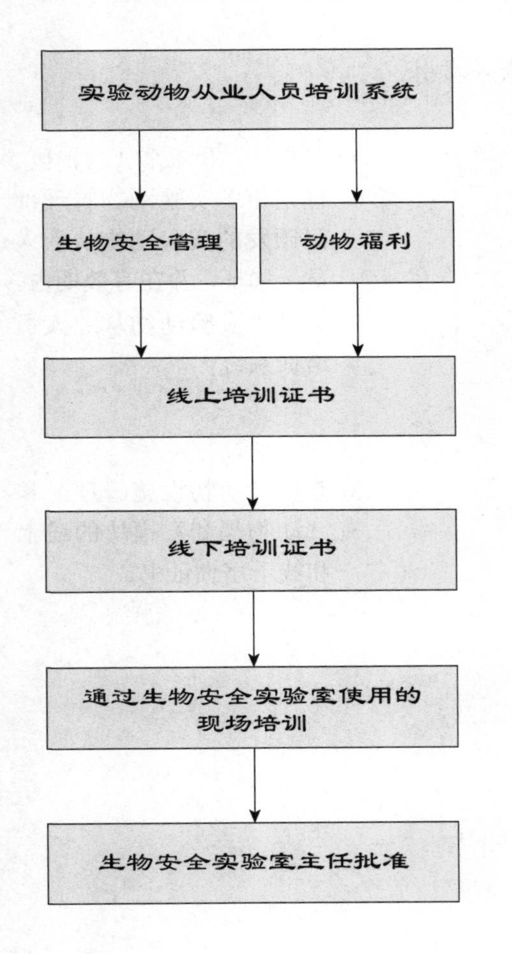

(1) 登录“实验动物从业人员培训系统”。

(2) 获得《生物安全管理》和《动物福利》模块的线上和线下培训证书。

(3) 通过生物安全实验室使用的现场培训。

(4) 经生物安全实验室主任批准。

2.4.3 实验动物医师资质要求

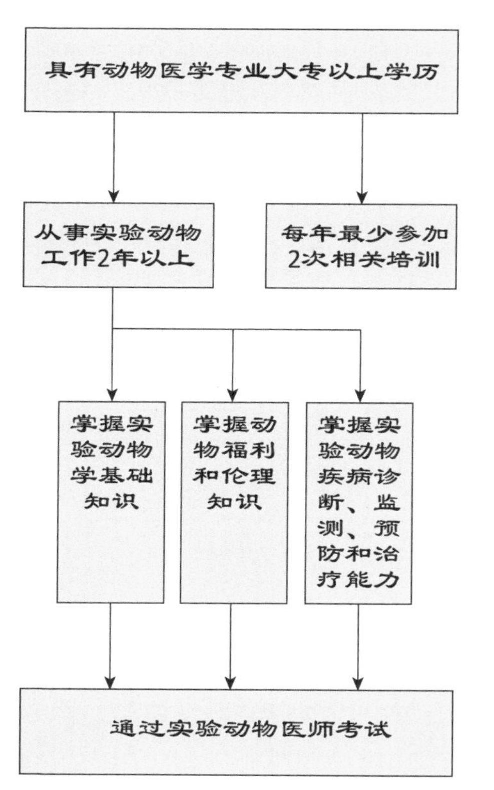

(1) 具有动物医学专业大专以上学历。

(2) 从事实验动物工作2年以上。

(3) 每年最少参加2次相关培训。

(4) 掌握实验动物学基础知识。

(5) 掌握动物福利和伦理知识。

(6) 掌握实验动物疾病诊断、监测、预防和治疗能力。

(7) 通过实验动物医师考试，获得相关资格证书。

2.5 个 人 防 护

2.5.1 人员防护要求

1. 实验室人员防护

(1) 在普通实验室工作时，任何时候都必须穿工作服或隔离服。

(2) 不得在实验室内穿露脚趾的鞋。

(3) 在进行有可能喷溅实验操作时，人员应佩戴防护眼镜和口罩。

(4) 在进行可能直接或意外接触到血液、体液及其他具有潜在污染性的材料操作时，应戴上手套。

2. 屏障动物设施人员防护

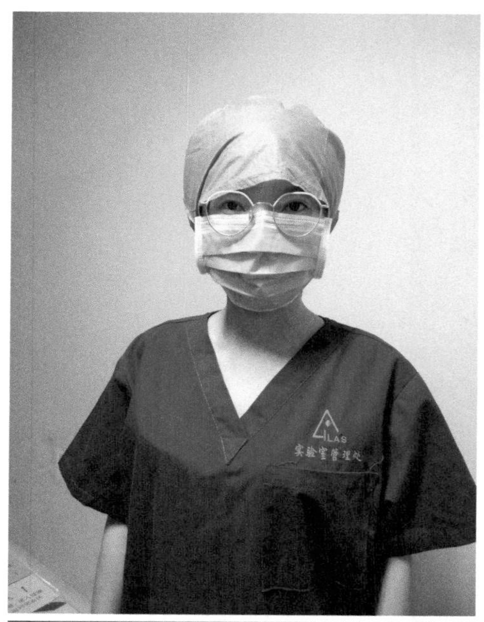

(1) 戴口罩、帽子，将头发遮住。

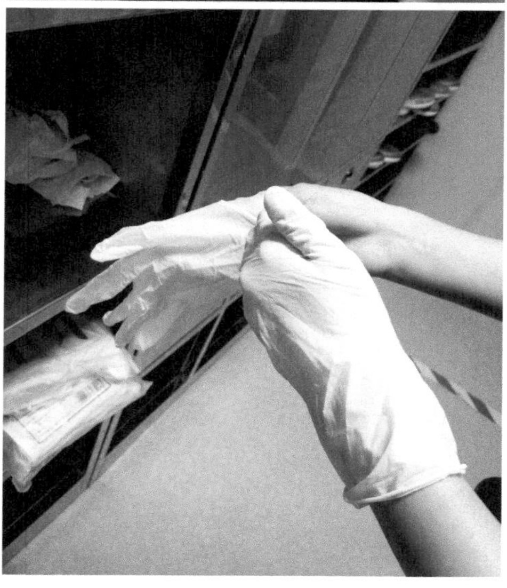

(2) 戴手套。

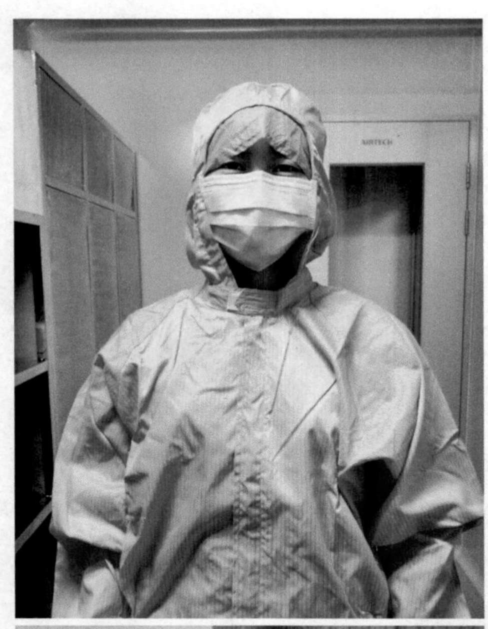

（3）穿无菌隔离服，根据体型选择不同号码。

（4）穿不露脚趾的拖鞋。

3. ABSL-2 实验室人员防护

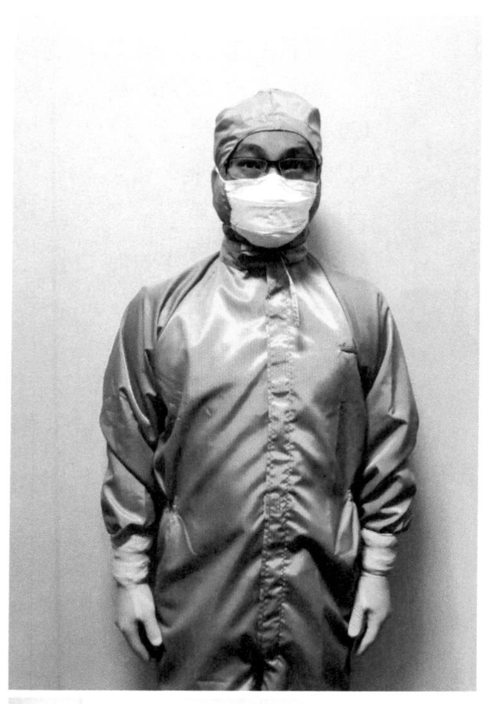

(1) 戴口罩、帽子。

(2) 穿隔离服。

(3) 接触实验动物的人员，应使用防止动物抓伤、咬伤的手套。

(4) 如进行人间呼吸道传播的病原微生物操作，应佩戴N95 口罩。

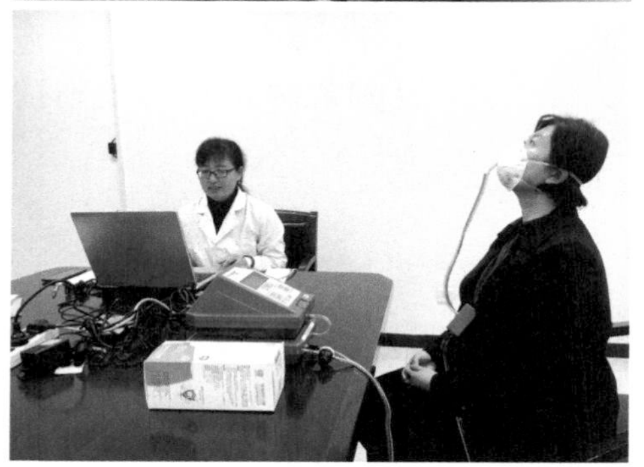

(5) 佩戴 N95 口罩前，人员应进行口罩适配性检测。

4. ABSL-3 实验室人员防护

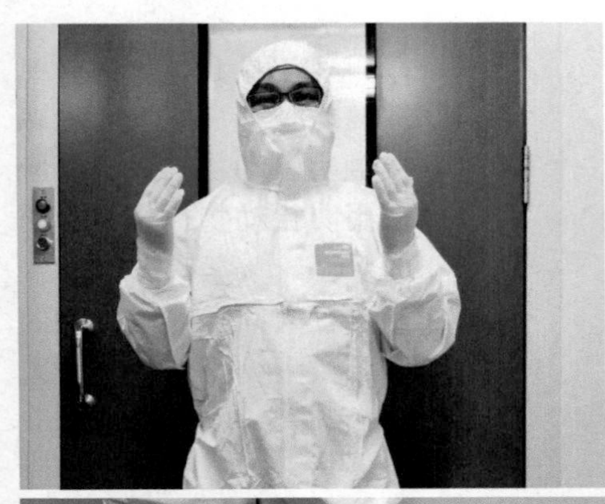

(1) 根据病原微生物种类和风险评估报告的内容，选择和穿戴个人防护装备。

(2) 戴双层手套。

(3) 戴 N95 口罩。

(4) 穿双层防护服，外层采用不渗水材料。

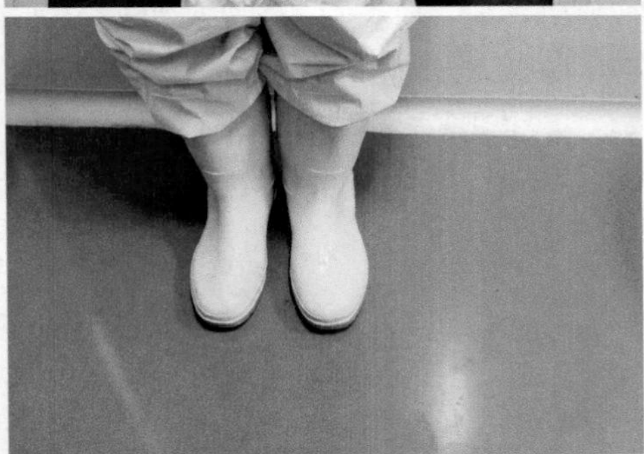

(5) 穿保护脚部的防滑靴子。

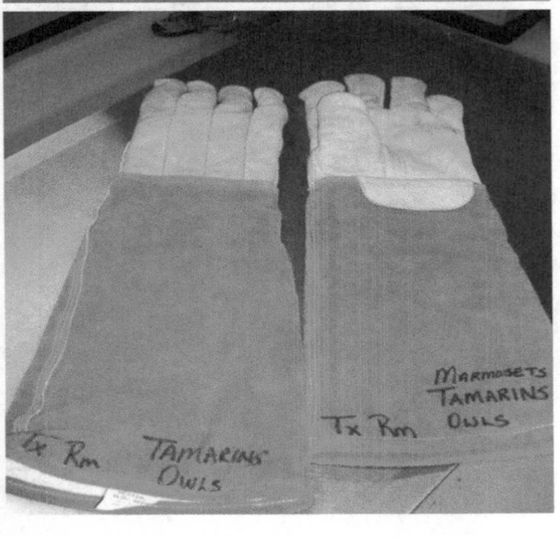

(6) 如进行动物实验操作，还应佩戴防止动物咬伤的手套。

2.5.2 手套穿戴方式

(1) 戴手套之前，根据手型选择适合自己手型大小的尺寸。

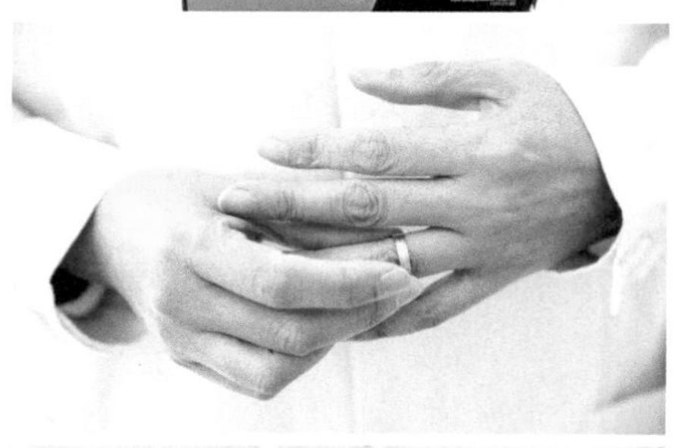

(2) 准备：应摘掉手指及手腕上所有首饰。在实验室，手套不应放在可能与有害化学物质接触的地方。

(3) 戴手套：首先，用一只手抓住手套袖口部，给惯用手戴上手套，直到手套到达指尖处。

(4) 然后同样方法给另一只手戴上手套。关键点是手部皮肤应该尽量避免接触手套外部。

2.5.3　手套摘脱方式

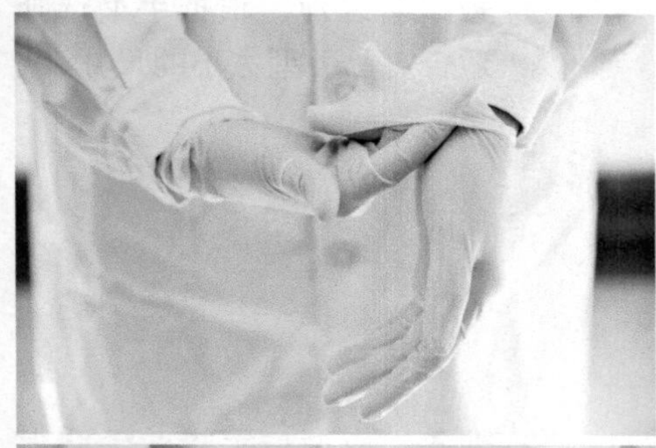

（1）用戴手套的手捏住另一只手套污染面的边缘。

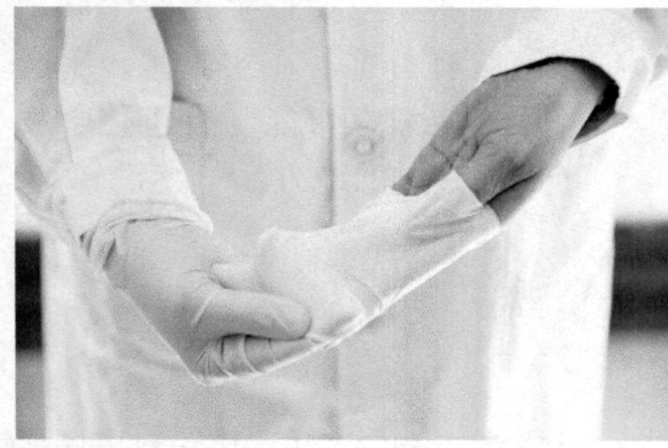

（2）将一只手套脱下。

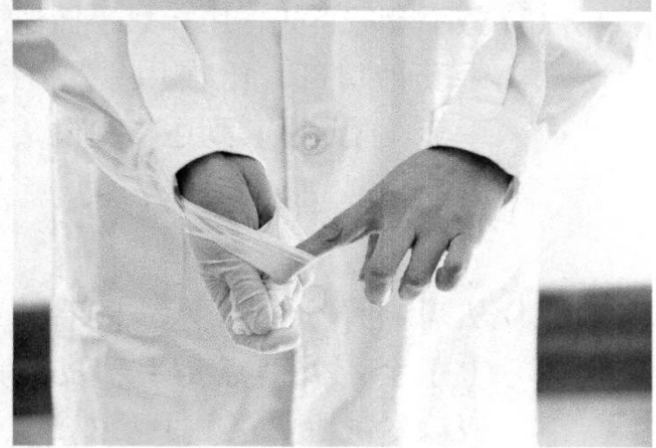

（3）戴着手套的手握住脱下的手套，用脱下手套的手捏住另一只手套清洁面（内面）的边缘。

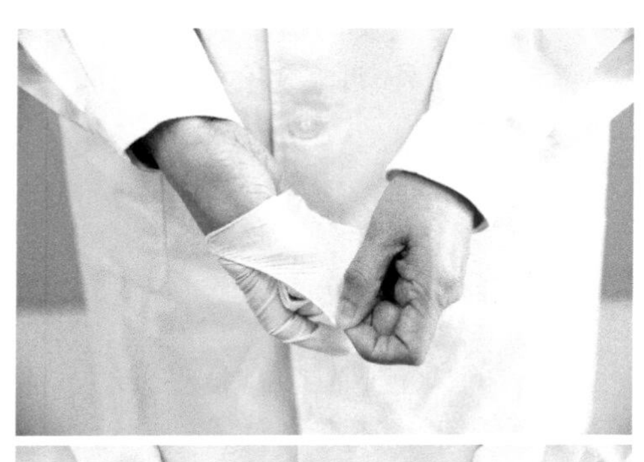

(4) 将第二只手套脱下。

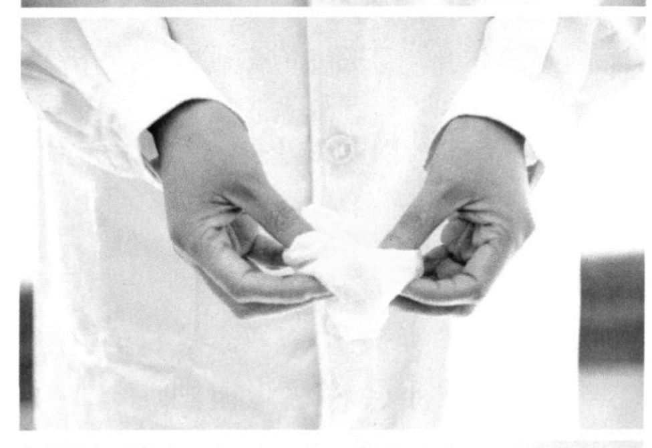

(5) 用手捏住手套的内面。

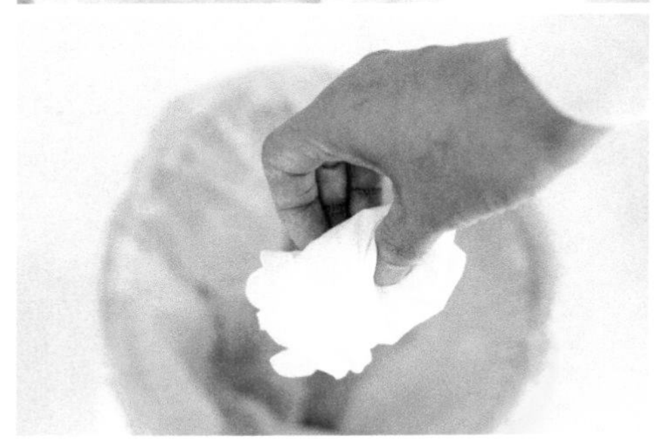

(6) 丢至医疗废物容器内。

2.5.4　外科口罩佩戴方式

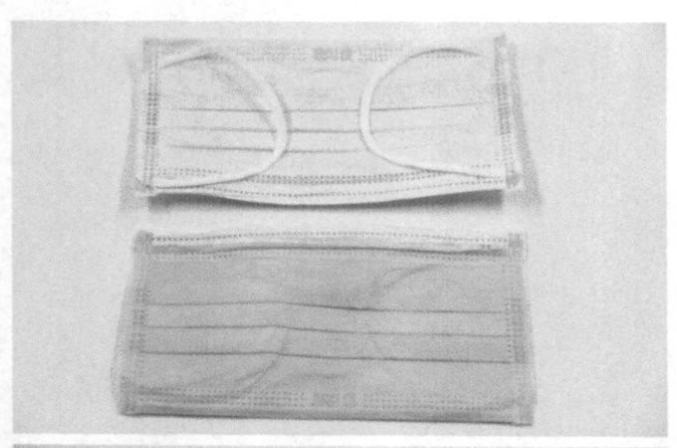

(1) 确定正反面：一般颜色深的一面朝外，颜色浅的一面朝面部。

(2) 确认上下：带有鼻夹条的一面朝上。还有一种方法是看口罩的折，正确的佩戴方式是折口朝下。

(3) 将鼻夹夹住鼻子，这样呼出的气才不会将眼镜模糊。

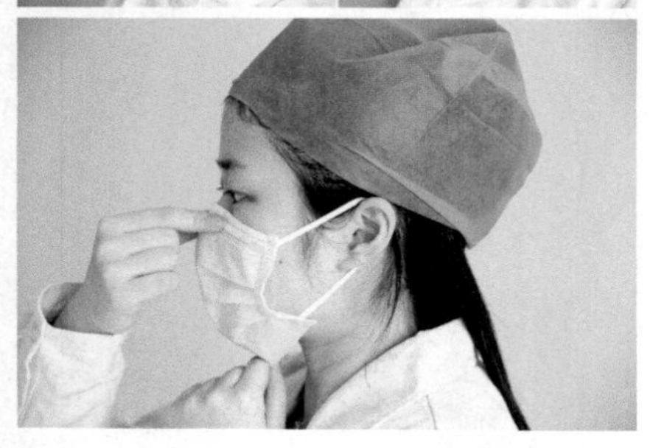

(4) 将褶皱拉开，护住下巴即可。

2.5.5 N95口罩佩戴方式

(1) 面向口罩无鼻夹的一面，两手各拉住一边耳带，使鼻夹位于口罩上方。

(2) 用口罩抵住下巴，将耳带拉至脑后，调整耳带使感觉尽可能舒适。

(3) 调整鼻夹位置。

（4）检查口罩与脸部的密合性。

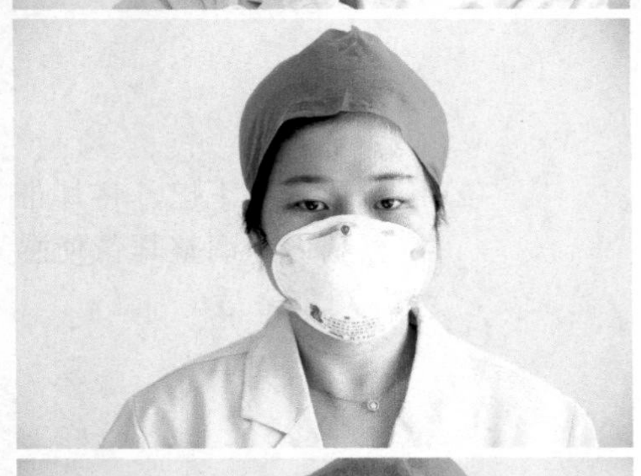

（5）佩戴完毕（正面）。

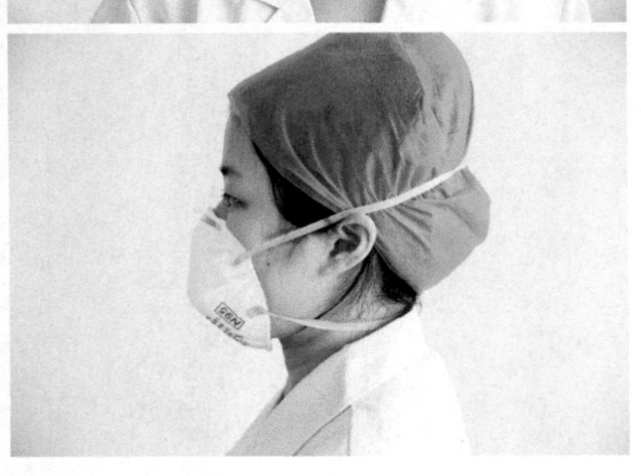

（6）佩戴完毕（侧面）。

2.6 人员健康监护

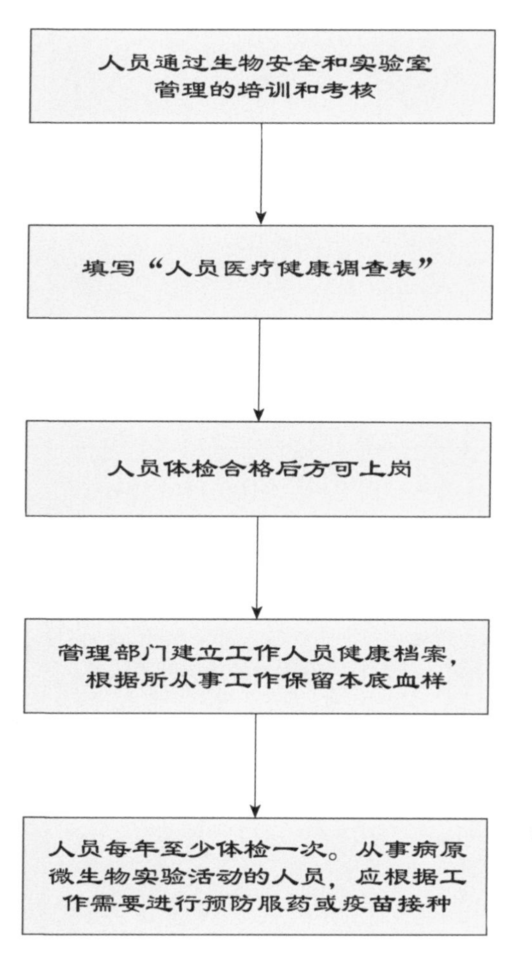

(1) 人员通过由管理部门组织的生物安全和实验室知识的培训，并考核合格。

(2) 填写“人员医疗健康调查表”。

(3) 人员体检合格后方可上岗，体检项目根据人员所从事的岗位确定。

(4) 管理部门建立工作人员健康档案，根据所从事工作保留本底血样。

(5) 人员每年至少体检一次。从事病原微生物实验活动的工作人员，应根据工作需要进行预防接种。

医疗健康调查表
Medical History Questionnaire

姓名：　　　　　　　　　　　　　性别：
填表日期：
出生年月：
家庭住址：
邮编：
家庭电话：　　　　　　　　　　　工作电话：
部门：　　　　　　　　　　　　　职业：
紧急情况联系人：　　　　　　　　紧急情况联系电话：
身高：　　　　　　　　　　　　　体重：
有无严重病史或是否做过手术？　　是□　否□
（如是，请标明日期）________________
上年度健康状况有无变化？　　　　有□　无□
上年度是否正接受治疗？　　　　　是□　否□
（如是，请描述）________________

是否有下列疾病或生理状态：

□ 皮肤创伤未愈合期间、头癣、泛发性体癣、疥疮、衣原体性皮炎及其他有传染性或污染设施环境的皮肤病。
□ 淋病、梅毒、软下疳、尿道分泌物淋菌阳性者、尖锐湿疣患者。
□ 慢性支气管炎急性发作期、支气管哮喘，各型肺结核、肺外结核、结核性胸膜炎及其他具有传染性的呼吸系统疾病及各种原因导致的肺叶不张者。
□ 伴有重度咳嗽的急性咽炎及慢性咽炎急性发作期。
□ 伴有腮腺及口腔分泌过度的腮腺炎、腮腺混合瘤和口腔疾病。
□ 细菌性痢疾、阿米巴痢疾、急性肠炎等各类痢疾或腹泻。
□ 发热性疾病、由不明传染性病因引起的脾肿大、淋巴结肿大。
□ 各型传染性肝炎并处于传染期者。
□ 传染性或急性结膜炎。
□ 流行性出血热及其他人兽共患病毒性疾病。
□ 弓形虫及其他人兽共患寄生虫病。
□ 重度副鼻窦炎、重度鼻炎、嗅觉丧失。
□ 双耳失聪、双侧矫正视力均低于 0.5、重度色觉异常或有明显视功能损害眼病者。

- ☐ 有心血管疾病、高血压、低血压、癫痫病史、精神病史、遗尿症、尿崩症、晕厥史、精神活性物质滥用和依赖者、智力障碍、运动障碍等无法正常从事实验动物工作的。
- ☐ 对实验动物工作环境严重过敏性疾病。
- ☐ 无法正常履行实验动物工作职责的其他疾病。
- ☐ 妊娠期内。

疫苗接种情况：

- ☐ B病毒和结核杆菌检查记录（非人灵长类实验动物接触者）。
- ☐ 狂犬病疫苗接种记录（实验犬接触者）。
- ☐ 布氏杆菌的检查记录（实验羊和犬接触者）。
- ☐ 弓形虫的检查记录（实验猫接触者）。
- ☐ 其他：

指出以前曾用过的药物

- ☐ 可的松、强的松、类固醇、甲状腺药丸。
- ☐ 华法林钠、可迈丁锭、血释剂。
- ☐ 利尿剂、地高辛、普萘洛尔等。
- ☐ 喘乐宁、安茶碱、舒弗美及其他呼吸药物和喷剂。
- ☐ 抗忧郁药、镇静剂和神经药物。

请列出现在所用的药物

____

____

____

是否对某些物质（包括药物）过敏？ 是☐ 否☐

（如是，请说明）________________________

是否抽烟？ 是☐ 否☐

是否佩戴隐形眼镜？ 是☐ 否☐

是否进行过全身麻醉？ 是☐ 否☐

本人或家庭成员是否对麻醉药物有不良反应？ 是☐ 否☐

（如是，请说明）________________________

对牙科治疗是否有不良反应？ 是☐ 否☐

是否怀孕？ 是☐ 否☐

是否有上面未列出的其他病症？______________________________

____

____

签名：

第 3 章　设 备 管 理

随着我国科研水平的提高，实验室建设经费的投入不断加大，实验室仪器设备的种类和数量也在不断增加。只有在保障实验室仪器设备完好的前提下，才能保证仪器的高效使用。仪器设备的规范管理是合理使用仪器的保证。

3.1　压力容器管理

(1) 压力容器是指盛装气体或者液体，承载一定压力的密闭设备。

(2) 最高工作压力≥ 0.1MPa（表压）的气体、液化气体，最高工作温度高于或者等于标准沸点的液体，容积≥ 30L 且内直径≥ 150mm 的固定式容器和移动式容器。

(3) 工作压力≥ 0.2MPa（表压）且压力与容积的乘积≥ 1.0MPa·L 的气体、液化气体，标准沸点≤ 60℃液体的气瓶和氧舱。

(4) 实验室常见压力容器：高压灭菌器、液氮塔等。

3.1.1 压力容器备案

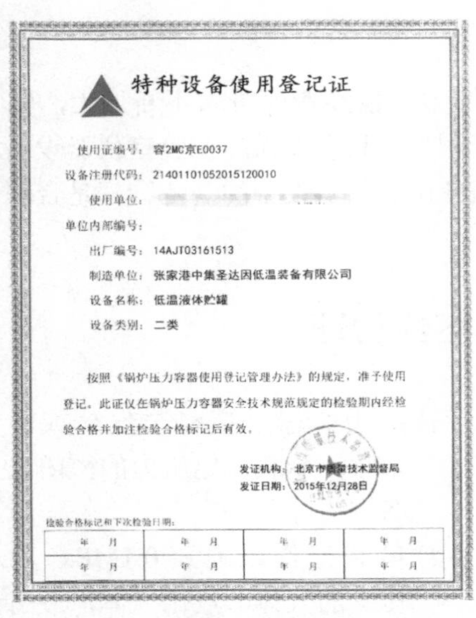

特种设备使用登记证

使用证编号：容2MC京E0037

设备注册代码：21401101052015120010

使用单位：

单位内部编号：

出厂编号：14AJT03161513

制造单位：张家港中集圣达因低温装备有限公司

设备名称：低温液体贮罐

设备类别：二类

按照《锅炉压力容器使用登记管理办法》的规定，准予使用登记。此证仅在锅炉压力容器安全技术规范规定的检验期内经检验合格并加注检验合格标记后有效。

发证机构：北京市质量技术监督局

发证日期：2015年12月28日

检验合格标记和下次检验日期：

年　月	年　月	年　月	年　月
年　月	年　月	年　月	年　月

北京市质量技术监督局监制

(1)《特种设备质量监督与安全监察规定》要求，新增特种设备，在投入使用前，使用单位必须持监督检验机构出具的验收检验报告和安全检验合格标志，到所在地区的地级、市级以上特种设备安全监察机构注册登记。

(2) 将安全检验合格标志固定在特种设备显著位置上后，方可投入正式使用。

3.1.2 压力容器使用

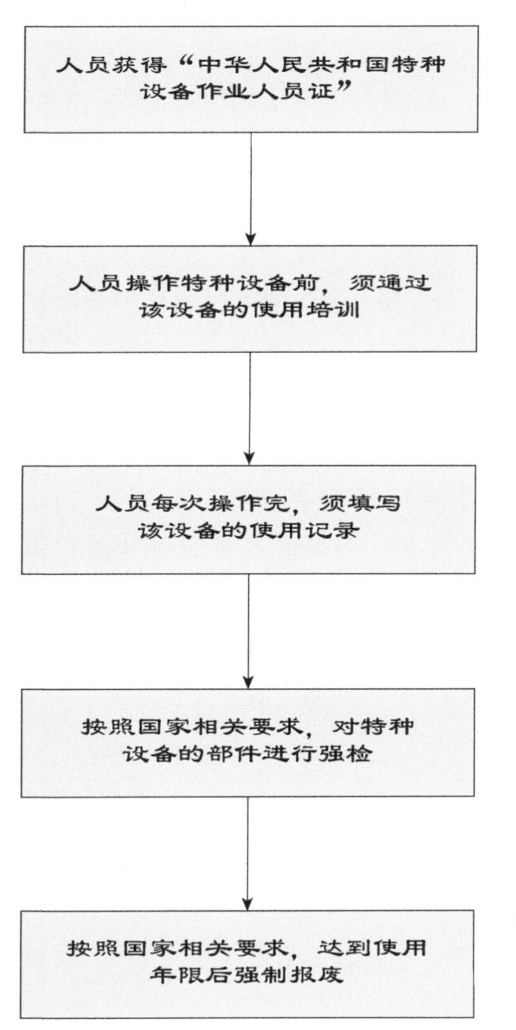

(1) 从事压力容器（如高压锅）操作的人员应通过省级质量技术监督局组织的培训，并获得“中华人民共和国特种设备作业人员证”。

(2) 人员操作高压容器等特种设备前，须通过该设备的使用培训。

(3) 人员每次操作完，须填写该设备的使用记录，内容包括仪器运行状态、使用时间等信息。

(4) 按照国家相关要求，对特种设备的部件（如压力表、安全阀）进行强检。

(5) 按照国家相关要求，达到使用年限后强制报废。

3.2 强检仪器设备管理

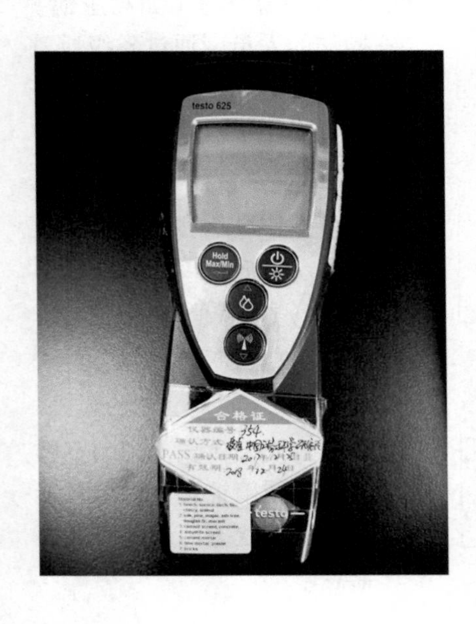

(1) 计量器具强制检定是指由县级以上人民政府计量行政部门所属或者授权的计量检定机构，对用于贸易结算、安全防护、医疗卫生、环境监测方面，并列入《中华人民共和国强制检定的工作计量器具目录》的计量器具实行定点、定期检定。

(2) 实验室常见的强检仪器包括：

- 长度计量类校准仪器（卡尺等）；
- 时间频率计量类校准仪器（秒表等）；
- 力学计量类校准仪器（砝码、电子天平等）；
- 体积计量类校准仪器（容量瓶、加样器等）。

(3) 强检合格的仪器，应将强检标识贴在仪器设备的醒目位置。

(4) 仪器应在强检有效期内使用。

3.3 大型设备管理

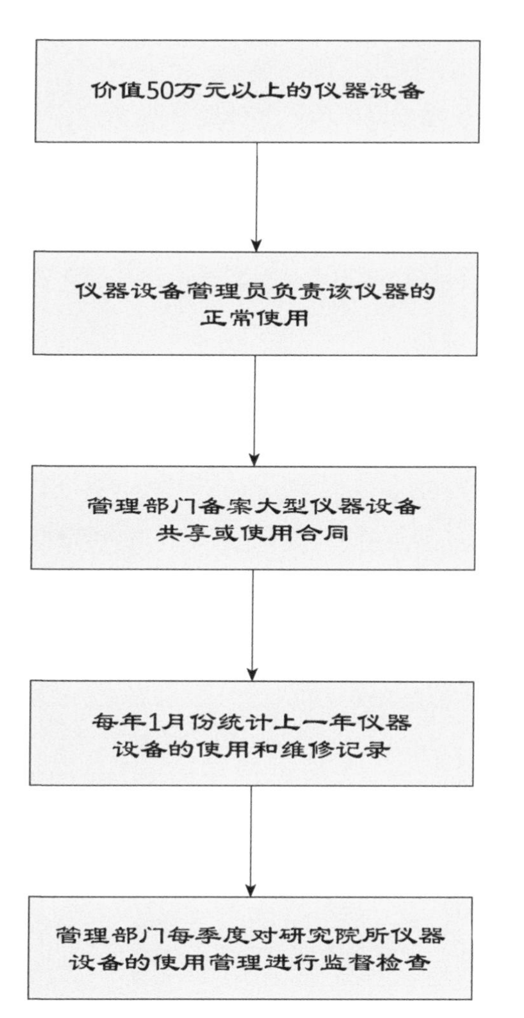

（1）大型设备是指价值50万元以上的仪器设备。

（2）实验室仪器设备管理员了解并熟悉所负责仪器设备的工作原理和结构性能，负责所管理的仪器设备正常使用、高效运行。

（3）实验室仪器设备管理员统计实验室的大型设备，到管理部门备案大型仪器设备共享或使用合同。

（4）实验室仪器设备管理员每年1月份统计上一年仪器设备的使用和维修记录。

（5）管理部门每季度对仪器设备的使用管理进行监督检查。

3.4 仪器设备的管理、维护和维修

(1) 仪器设备管理员负责制订仪器标准操作程序，对使用人员进行培训，监督填写使用记录。

(2) 仪器设备管理员负责提出仪器维保申请，监督维保情况。

(3) 资产管理专员协助仪器使用部门与厂家签订维保协议，收集维修记录，每季度检查设备日常使用记录，共同完成仪器设备年终考评工作。

(4) 资产管理专员登记设备资料保存档案，接受设备报废申请，办理鉴定手续。

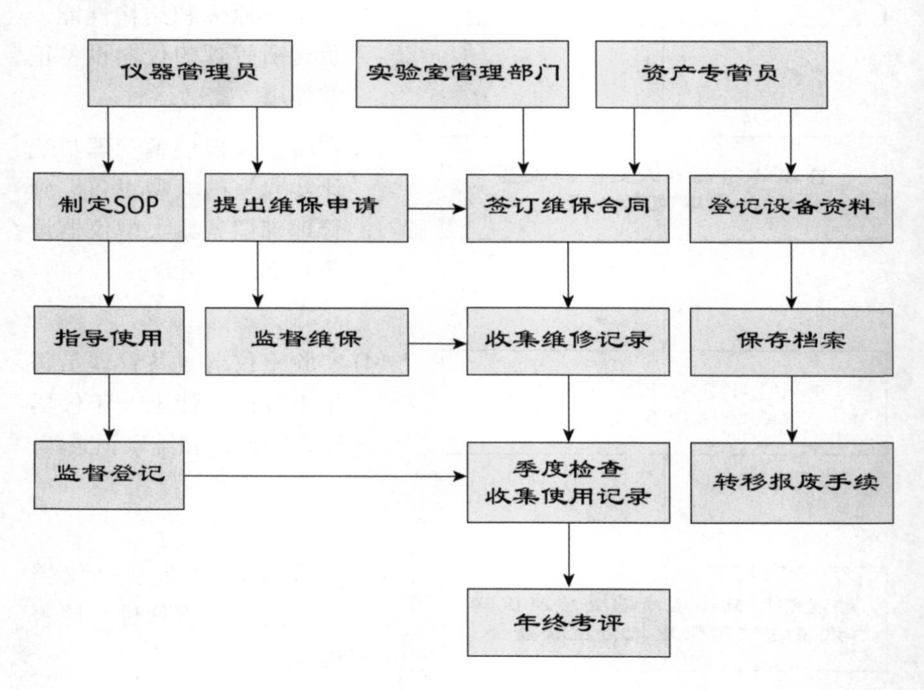

3.5 设备档案

每台仪器设备均应进行登记，并建立设备档案。

仪器设备档案资料登记

<table>
<tr><td>仪器名称</td><td></td><td>购进日期</td><td></td><td>数量</td><td></td></tr>
<tr><td>型号</td><td></td><td>厂牌</td><td></td><td>产地</td><td></td></tr>
<tr><td>国别</td><td></td><td>供应商</td><td colspan="3"></td></tr>
<tr><td>存放地点</td><td colspan="3"></td><td>保管人</td><td></td></tr>
<tr><td>序号</td><td colspan="3">资料名称</td><td colspan="2">备注</td></tr>
<tr><td>1</td><td colspan="3">仪器购置申请及合同</td><td colspan="2"></td></tr>
<tr><td>2</td><td colspan="3">制造商名称、型式标识、系列号或其他唯一性标识</td><td colspan="2"></td></tr>
<tr><td>3</td><td colspan="3">验收标准及验收记录</td><td colspan="2"></td></tr>
<tr><td>4</td><td colspan="3">接收日期和启用日期</td><td colspan="2"></td></tr>
<tr><td>5</td><td colspan="3">接收时的状态（新品、使用过、修复过）</td><td colspan="2"></td></tr>
<tr><td>6</td><td colspan="3">当前存放位置</td><td colspan="2"></td></tr>
<tr><td>7</td><td colspan="3">制造商的使用说明或其存放处</td><td colspan="2"></td></tr>
<tr><td>8</td><td colspan="3">维护记录和年度维护计划</td><td colspan="2"></td></tr>
<tr><td>9</td><td colspan="3">校准（验证）记录和校准（验证）计划</td><td colspan="2"></td></tr>
<tr><td>10</td><td colspan="3">任何损坏、故障、改装或修理记录</td><td colspan="2"></td></tr>
<tr><td>11</td><td colspan="3">服务合同</td><td colspan="2"></td></tr>
<tr><td>12</td><td colspan="3">预计使用日期或使用寿命</td><td colspan="2"></td></tr>
<tr><td>13</td><td colspan="3">安全检查记录</td><td colspan="2"></td></tr>
</table>

3.6 通风橱的使用管理

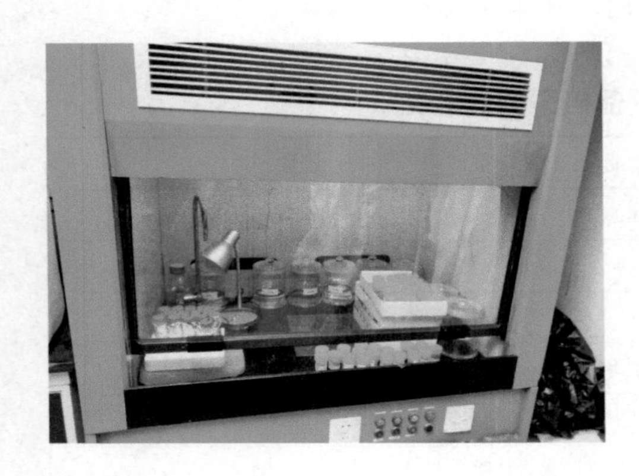

(1) 通风橱可以提供个人防护，常用于挥发性化学试剂的配制。

(2) 不使用通风橱时也要时常通风，保证实验室人员健康。

(3) 每年对通风橱的主要性能进行检测（工作窗口气流流向等）。

(4) 严禁在实验时将头伸进通风橱内操作。

3.7 超净台的使用管理

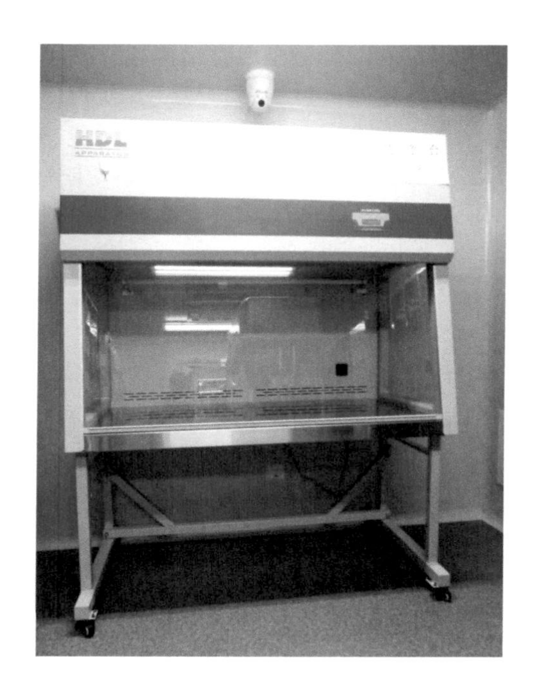

(1) 超净台是一种通用型局部净化设备，气流形式为垂直层流与水平层流，可造就局部高清洁度空气环境。

(2) 超净台为正压装置，安装有高效过滤器，采用受控的空气层流和过滤，保护样品。

(3) 使用时提前30min打开紫外灯照射消毒，处理净化工作区内工作台表面积累的微生物；然后关闭紫外灯，开启送风机。

(4) 使用时，工作台面上不要存放不必要的物品，以保持工作区内的洁净气流不受干扰。

(5) 每年对主要性能进行检测（工作窗口气流流向、工作区洁净度）。

3.8 生物安全柜的使用管理

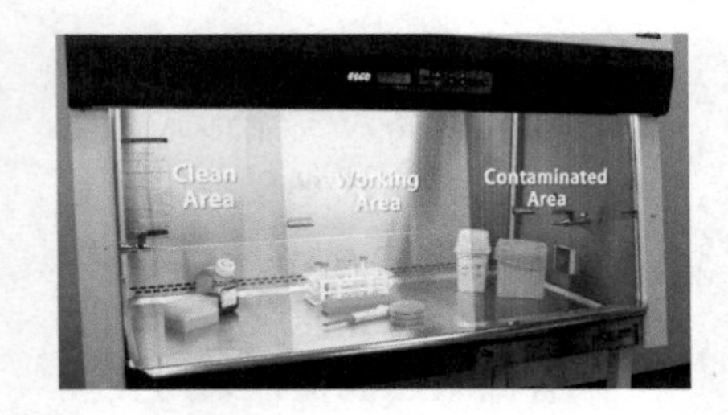

(1) 生物安全柜主要是借由柜体内的高效滤网过滤进、排气并在柜体内产生向下气流的方式来避免感染性生物材料污染环境与感染实验操作人员，以及实验操作材料间的交叉污染。

(2) 生物安全柜提供环境、人员和样品的防护。

(3) 使用前最少运转 5min 使表面黏附的物质沉降下来。

(4) 把工作区域区分为“洁净区”和“污物区”。

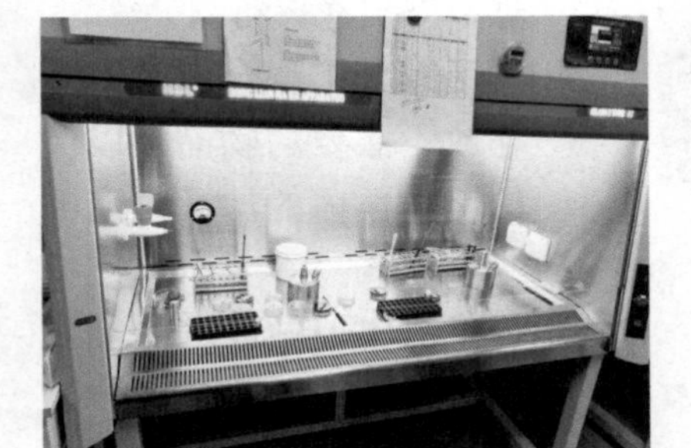

(5) 使用注意事项：

- 避免快速地拿进、拿出物品；
- 避免其他人员在操作人员后面走动；
- 不要覆盖通风口和后面格栅；
- 工作完成后使用消毒剂擦拭表面。

(6) 定期检测生物安全柜性能：

- 工作窗口气流流向；
- 工作窗口气流平均速度；
- 工作区洁净度。

3.9 离心机的使用管理

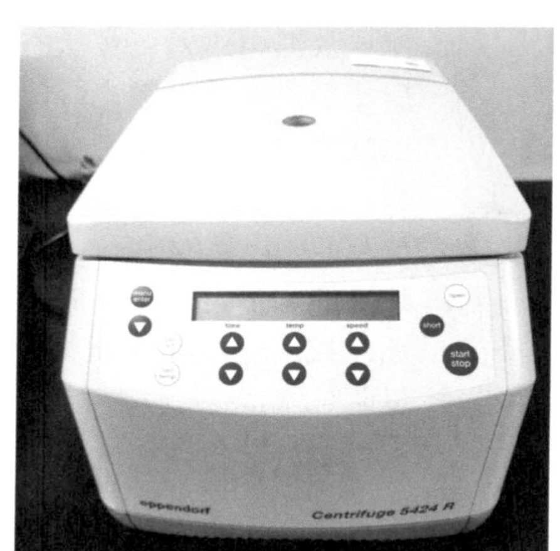

(1) 离心机应始终处于水平位置，外接电源系统的电压要匹配，并配有良好接地线。

(2) 预先平衡：离心管必须对称放入套管中；若只有一支样品管，另外一支要用等质量的水代替。

(3) 盖上离心机顶盖，方可启动。

(4) 电动离心机如有噪声或机身振动时，应立即切断电源，即时排除故障。

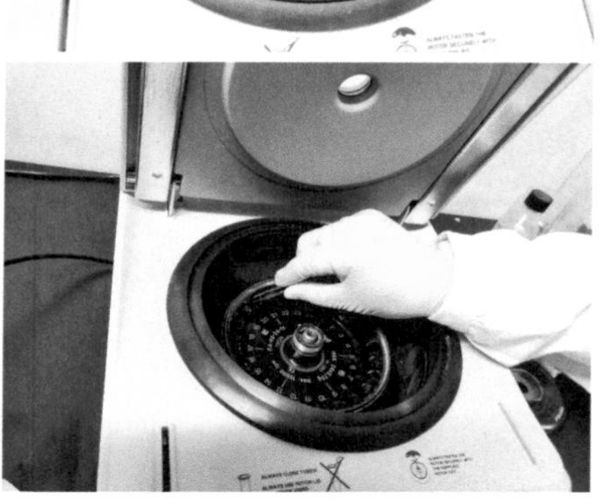

(5) 离心结束后，在离心机停止转动后，方可打开离心机盖，取出样品，不可用外力强制其停止。

(6) 如果离心管破裂，用镊子将碎片夹出，不可用手直接拿出。

3.10 电泳仪的使用管理

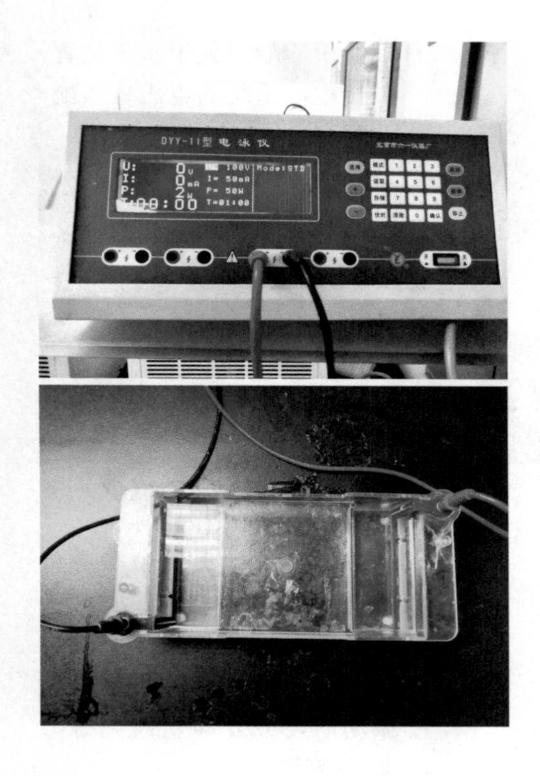

(1) 电泳仪通电进入工作状态后，禁止人体接触电极、电泳物及其他可能带电部分，也不能到电泳槽内取放东西，以免触电。

(2) 仪器通电后，不要临时增加或拔除输出导线插头，以防短路。

(3) 在总电流不超过仪器额定电流（最大电流）时，可以多槽并联使用。使用过程中如发现较大噪声、放电或异常气味等现象，须立即切断电源，进行检修，以免发生事故。

(4) 电泳废液处理：在废液中加入混凝剂，生成凝固块，按废弃化学试剂处理。

第 4 章　实验材料管理

实验室是从事科研、教学、社会服务的重要场所。化学试剂是实验室里品种最多、消耗量最大、危险性也最大的物质。实验室危险化学品的使用和存放、仪器设备的使用和记录等方面，都需要以严谨求实、精益求精的作风，有针对性地采取一些安全防范措施，以免使用不当对实验人员及实验设备造成危害。培养实验人员良好的实验室操作习惯是避免各类实验室事故的必要条件。

4.1　化学试剂管理

4.1.1　化学试剂储存

原则：化学试剂要做到分开存放、取用方便、注意安全、保证质量。

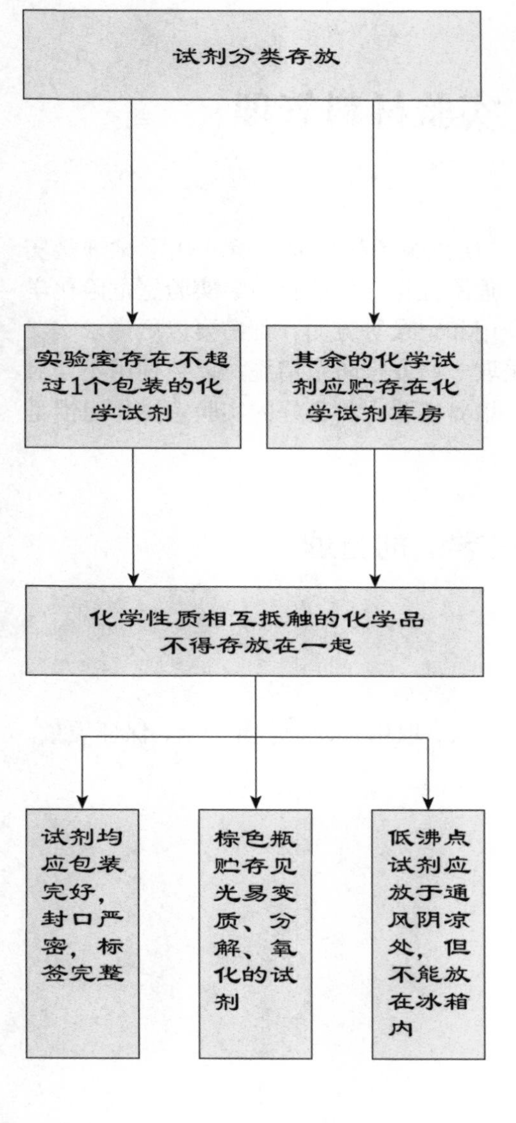

(1) 一般按液体、固体分类，每一类又按无机和有机化学危险品、低温贮存等再次归类，按序排列，分别码放整齐。挥发性酸或碱不能与其他试剂混放，强氧化剂和易燃品必须严格分开。

(2) 实验室操作区内的橱柜中及操作台上，只允许存放规定数量的化学试剂，原则上不超过1个包装，多余的化学试剂应贮存在化学试剂库房。

(3) 化学性质相互抵触的试剂不得在同一柜内或同一房间存放。

(4) 实验室各种试剂均应包装完好，封口严密，标签完整，内容清晰，贮存条件明确。

(5) 见光易变质、分解、氧化的化学试剂应避光保存，用棕色瓶盛放并放在阴凉处，防止分解变质。

(6) 低沸点试剂应放置于通风、阴凉处，但不能放在冰箱内（以免引起爆炸）。

4.1.2　化学试剂有效期的设定

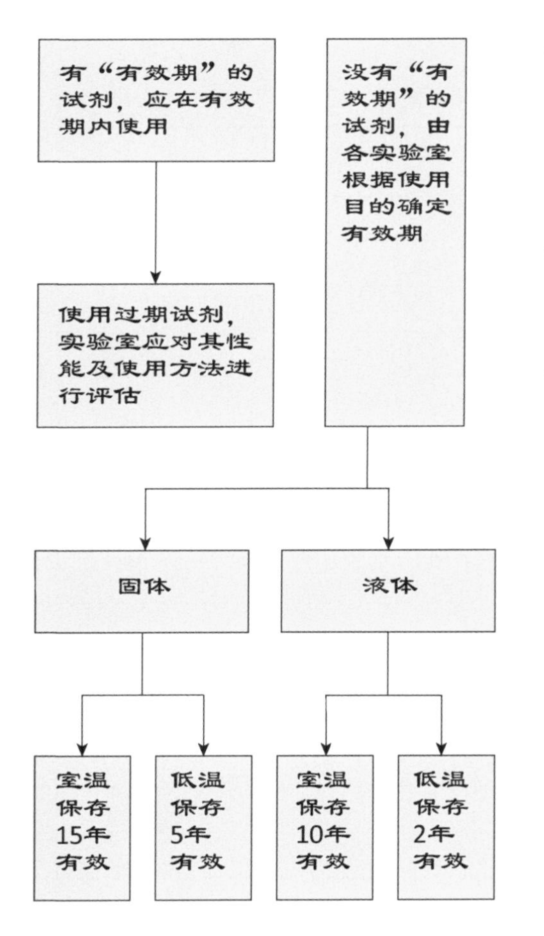

(1) 供应商或制造商提供"有效期"的试剂，应在有效期内使用。在有效期内试剂性状发生变化的应停止使用。

(2) 使用过期试剂，实验室应对其性能及使用方法进行评估，并报管理部门备案。

(3) 供应商或制造商没有提供"有效期"的试剂，由各实验室根据使用目的确定有效期；也可按下列原则来管理：

在室温下保存的固体：到达之日起，15 年有效；

2 ～ 8℃保存的固体：到达之日起，5 年有效；

在室温下保存的液体：到达之日起，10 年有效；

–8℃保存的液体：到达之日起，2 年有效。

4.1.3 化学试剂登记

实验室使用的所有化学试剂，均应按下表进行登记。

化学试剂登记表

试剂名称	生产厂家	生产编号	包装	数量（瓶）	生产日期	有效期	备注

4.1.4　化学试剂配制

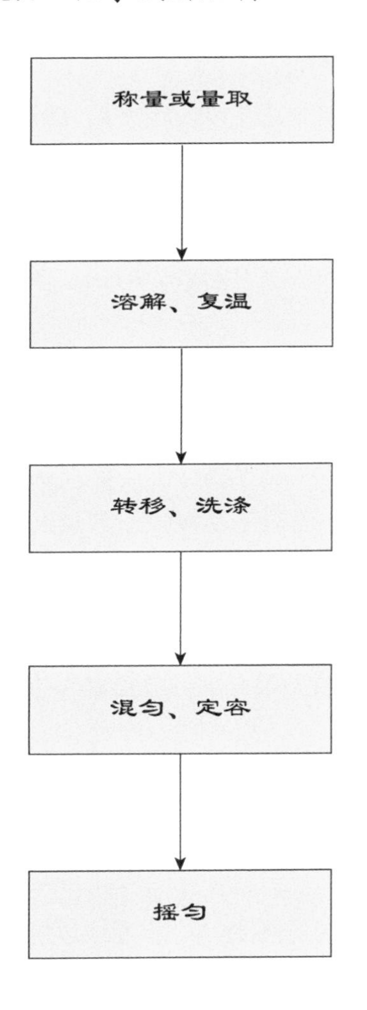

(1) 用天平称量所需固体质量。

(2) 在烧杯中溶解或稀释溶质，恢复到室温。

(3) 将烧杯内冷却后的溶液沿着玻璃棒小心转移到一定体积的容量瓶中，用蒸馏水洗涤烧杯和玻璃棒 2 ～ 3 次，将洗涤液转移到容器中，振荡。

(4) 将溶液振荡混匀，向容量瓶中加水至距刻度线 1 ～ 2cm 处，改用胶头滴管加水至凹面与刻度相切。

(5) 盖好瓶塞，混匀后倒入试剂瓶中，贴好标签。

4.1.5 危险化学品管理

1. 危险化学品分类

危险化学品是指具有易发生爆炸、燃烧、毒害、腐蚀和放射性等危险性性质，以及受到外界因素影响能引起灾害事故的化学药品。按照GB6944—2012《危险货物分类和品名编号》的规定，危险品分类如下。

第一类：爆炸品。在外界作用下能发生剧烈的化学反应，瞬时产生大量气体和热量，使周围的压力急剧上升，发生爆炸，对周围环境造成破坏的物品。

第二类：压缩气体和液化气体。当受热、撞击或强烈震动时，容器内压力会急剧增大，致使容器破裂爆炸或气瓶阀门松动漏气，酿成火灾或中毒事故。

第三类：易燃液体。易燃的液体、液体混合物或含有固体物质的液体，其闭环试验闪点等于或低于 61℃，常温下易挥发，其蒸汽与空气混合物能形成爆炸性混合物。

第四类：易燃固体、自燃物品和遇湿易燃物品。

第五类：氧化剂和有机过氧化物。具有强烈的氧化性，与具有抵触性的物质混存能分解引起燃烧和强氧化性，易分解并放出氧和热量的物质；或含有过氧基的有机物。

第六类：有毒品。进入机体后，累计达一定量时，能与体液和组织发生生物化学或生物物理作用，扰乱或破坏机体的正常生理功能，引起暂时性或持久性的病理改变，甚至危及生命的物品。

第七类：放射性物品。含有放射性核素，并且其活度和比活度均高于国家规定的豁免值的物品。放射性物品能不断地、自发地放出肉眼不可见的 α、β、γ 等射线。这些物品含有一定量的天然或人工的放射性元素。

第八类：腐蚀品。能灼伤机体组织，并对金属等物品造成损坏的固体或液体。具体包括：与皮肤接触在 4h 内出现可见坏死现象；在 55℃时，对 20 号钢的表面均匀腐蚀率超过 6.25mm/ 年的固体或液体。

2. 常见危险化学品管理

1）甲醛

有剧毒性和挥发性，也是一种致癌剂，可通过皮肤吸收，对皮肤、眼睛、黏膜和上呼吸道有刺激或损伤。应避免吸入气体；戴好手套和护目镜；始终在通风橱内操作；远离热源、火花和明火。

2）二甲苯

可燃，高浓度有麻醉作用，吸入、摄入、皮肤吸收可造成伤害。应戴好手套和护目镜，在通风橱内操作，始终远离热源、火花和明火。

3）过氧化氢

有腐蚀性、毒性，对皮肤有强损害性，吸入、摄入、皮肤吸收可造成伤害。应戴好手套和护目镜，只在通风橱内操作。

4）苦味酸（2,4,6- 三硝基苯酚）

是炸药的一种，室温下为略带黄色的结晶。采购回来的苦味酸都是棕色玻璃瓶装，水封保护。

5）乙醚

有特殊刺激气味，带甜味，极易挥发，易燃、低毒。不可贮藏在冰箱中。

6）溴化乙锭（EB）

强致癌性，一般都用于电泳染色。接触的时候应戴一次性手套。

7）过氧乙酸

易燃，具爆炸性，具强氧化性、强腐蚀性、强刺激性，对眼睛、皮肤、黏膜和上呼吸道有强烈刺激作用，可致人体灼伤，且对金属有腐蚀性。不可直接用手接触，配制溶液时应佩戴橡胶手套，防止药液溅到皮肤上。

8）二甲基亚砜（DMSO）

吸入、摄入、皮肤吸收可造成伤害。应戴好手套和护目镜，在通风橱内操作。DMSO 为可燃物保存于密封容器中，远离热源、火花和明火。

9）蛋白酶 K

有刺激性，吸入、摄入、皮肤吸收可造成伤害。应戴好手套和护目镜。

4.1.6 危险化学品的使用

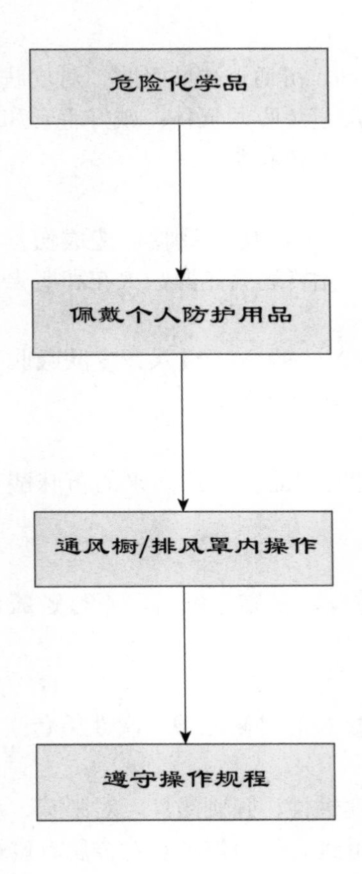

(1) 危险化学品：爆炸品，压缩气体和液化气体，易燃液体，易燃固体、自燃物品和遇湿易燃物品，氧化剂和有机过氧化剂，有毒品，腐蚀品。

(2) 防护用品：主要用来防护人员眼睛、呼吸道和皮肤直接受到有害物质的伤害，包括耐酸碱橡胶手套、耐酸碱胶鞋、护目镜、面罩、胶围裙、防尘口罩、防毒面罩等。

(3) 使用强腐蚀性、强氧化性的化学品时，倒溶液过程中容器口不能正对自己或他人。

(4) 使用挥发性、刺激性和有毒性化学品时，必须在通风橱中操作。

(5) 使用不明性质的任何化学品时，不能直接用手去拿、不能直接用鼻去闻或用口品尝。

(6) 危险化学品使用和操作应遵守相应操作规程。

(7) 贮存：酸碱要分开，具有强氧化性和具有还原性的物质要分开，易燃物质要远离火源和热源。

(8) 搬运：需先检查运输车是否完好，液体化学品必须单层摆放。

4.1.7　化学试剂废弃

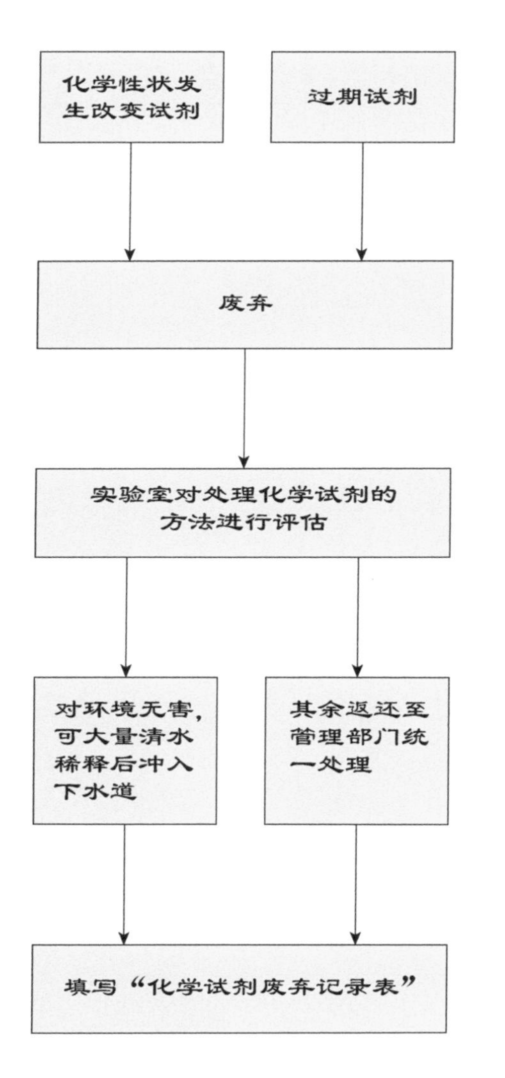

(1) 化学性状发生改变和过期的试剂不可继续使用，需废弃。

(2) 由实验室对处理的化学试剂方法进行评估，要有相应的参考资料支持。

(3) 对环境无害的试剂（如 NaCl），可大量清水稀释后冲入下水道处理，其余变质和过期试剂包装好返还至管理部门统一处理。

(4) 按时间先后顺序填写“化学试剂废弃记录表”。

化学试剂废弃记录表

名称	数量	批号	配制日期	有效期	处理原因			处理方法	经手人 / 日期	复核人 / 日期
					变质	过期	其他			

注：原装的试剂填写批号，配制的试剂填写配制日期，无关项目画斜杠“/”。

1. 液体试剂废弃原则

（1）禁止往水槽内倒入强酸、强碱及有毒的有机溶剂。

（2）对剧毒、易燃、易爆、易发生剧烈反应的试剂废液需进行单独分类收集；其他废液需先确定其相容性，才能混合贮存，严禁不相容废液混合贮存。

（3）为防止溢满，在加入新废液前，先检查废液桶是否水平，容器应载至总容量的 70% ～ 80%，切不可装至全满。

（4）为防止溅出，在添加新废液时，应使用漏斗。

（5）加入挥发性的废液时还需在通风橱中进行。

（6）每次将废液加入废液桶后，应将新废液的资料填入废液收集单上。

（7）废液桶必须维持密封状态，不泄漏，并定期检查。

（8）废液桶贮存场所应不受自然外力，如风、雨等侵袭及人为破坏。

（9）能相互反应产生有毒气体的废液，不得倒入同一收集桶中。

2. 固体试剂废弃原则

（1）一般应保存在（原）旧试剂瓶中，并注明是废弃试剂。

（2）溴化乙锭（EB）污染过的废弃物严禁随意丢弃，须经过有效的净化处理（如使用专业的 EB 清除剂或采用活性炭吸附、氧化使其失活等方法）。

（3）使用过的微生物、细胞等培养材料的固体废弃物，需经过有效的消毒处理（高压蒸汽灭菌 30min 或有效氯溶液浸泡 2 ～ 6h）后方可丢弃或清洗。

3. 危险废弃物废弃原则

（1）将操作、收集、运输、处理及处置废物的危险减至最小。

（2）将其对环境的有害作用减至最小。

（3）只可使用被承认的技术和方法处理及处置危险废物。

（4）排放符合国家或地方规定和标准的要求。

（5）对必须排放的废弃物应根据其特点，做到分类收集、安全存放、详细记录、集中处理。

（6）实验中使用的注射器、针头、输液器、手术刀、刀片及破碎玻璃等锐器不应与其他废弃物混放，必须稳妥安全地置入锐器容器中。

（7）盛放锐器的容器必须是不易被刺破的，而且不能将容器装得过满（容量达到2/3），交由专业医疗废物回收公司处理。

4.2　实验样本管理

4.2.1　常温样本贮存

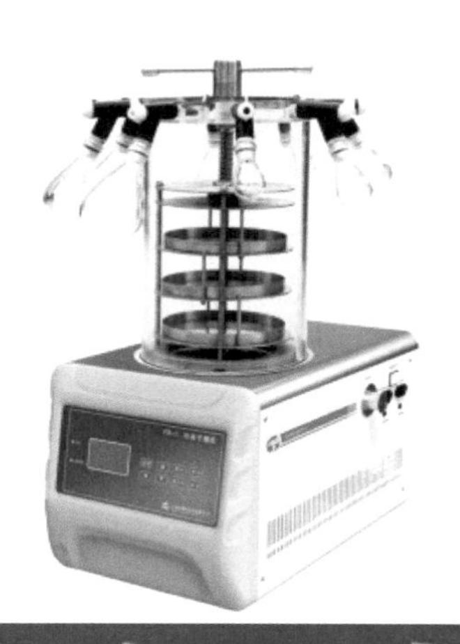

(1) 方法一：利用某些特殊技术或容器将脱水干燥后的样本置于密闭环境中，隔绝水、空气、微生物等有害因素，如石蜡包埋、FTA (Flinders Technology Associates) 滤膜、冷冻干燥等方法。

(2) 方法二：向生物样本中添加保护剂，保护剂渗入组织细胞内部，使相关酶失活，如 DNA/RNA 稳定剂 (DNA /RNA stable)、蛋白质保护剂、酶保护剂等。

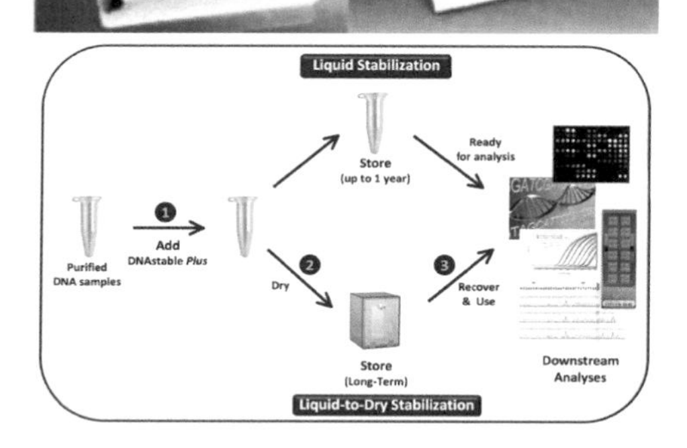

(3) 方法三：提取出后续实验所需的生物大分子进行常温保存。

(4) 与低温保存相比，常温保存能耗少、环保、效率较高。

4.2.2 超低温冰箱样本贮存

(1) –80℃低于水的结晶温度，样本内生化反应显著减弱。可较长期保持组织内生物大分子的稳定性，短期保持细胞活性和组织微观结构。

(2) 存取物品时需要穿戴防冻手套等防护用具，如用手直接接触冷冻物品或冰箱内壁可导致冻伤。

(3) 当存放小规格材料时可使用冻存架、冻存盒，以更有效地利用空间。

(4) 在把物品放进冰箱之前，先确认箱内的温度已经达到设定温度，然后再分批放入物品。每次放入物品不超过 1/3 箱内容积，以防其温度升高。

(5) 不得在冰箱中存放易燃、易爆的危险品，或易挥发、易腐蚀的物品，也不可在冰箱附近使用可燃性喷雾剂，否则有可能引发爆炸或火灾。

4.2.3　液氮罐样本贮存

(1) –196 ℃为液氮蒸发的温度，样本内各种生化反应基本停止，水结晶对细胞和微观组织的伤害可忽略。使用液氮可长期保存组织中生物大分子的稳定性、细胞活性及组织微观结构。

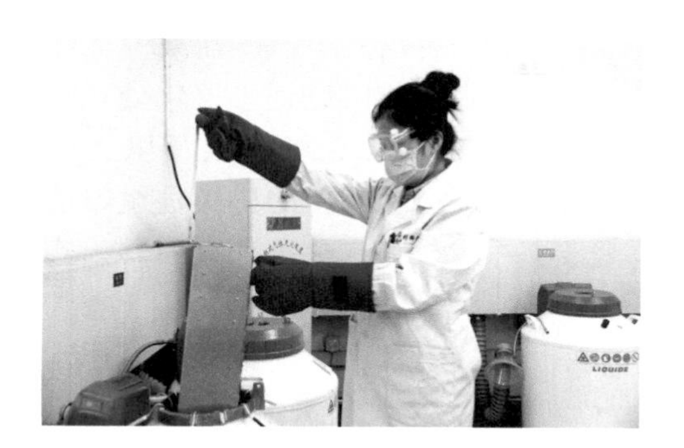

(2) 存取操作一定要穿戴低温防护手套等防护用具，严禁用手直接抓握供液管、阀门等，防止低温冻伤。

(3) 存取样本要轻、稳、迅速，要在尽量短的时间内完成存取样本操作。

(4) 液氮罐自身存在液氮挥发，存放液氮罐的房间需要保持通风，防止液氮挥发导致房间内氧含量降低，危害操作者健康。

4.2.4 生物样本废弃

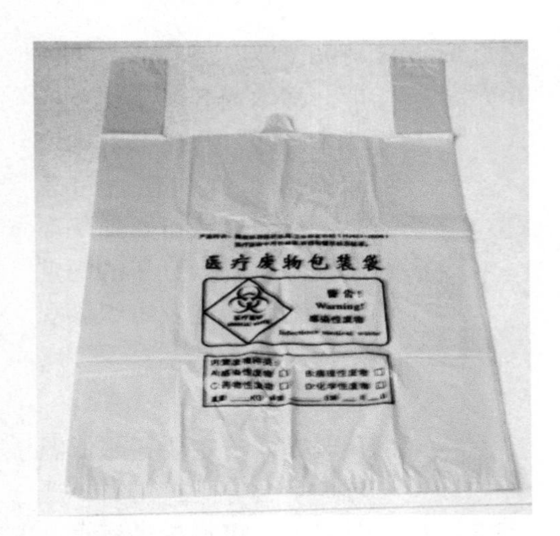

危险废物
经营许可证

正本

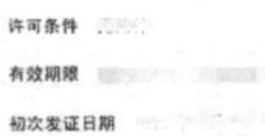

(1) 血液和体液样本的处理：用于抗体、抗原、生化指标等检查的血液和体液，按照要求进行处理并检测后经 121℃、30min 高压灭菌处理。

(2) 动物脏器组织的处理：包括用于病原微生物分离的组织，或用于病理取材剩余的组织，需集中送环保部门进行无害化处理。ABSL-2 实验室及以上级别实验室的感染性组织需经高压灭菌处置后移出实验室。

(3) 动物咽拭子的处理：用于病原分离和 PCR 检测的咽拭子进行实验处理后需经 121℃、30min 高压灭菌处理。

(4) 病原分离培养物的处理：无论结果为阳性还是阴性，均应经 121℃、30min 高压灭菌处理。

(5) 以上生物样本按规定处理后，联系具有《危险废物经营许可证》的单位清运废弃物，进行无害化处理。

4.3　供试品管理

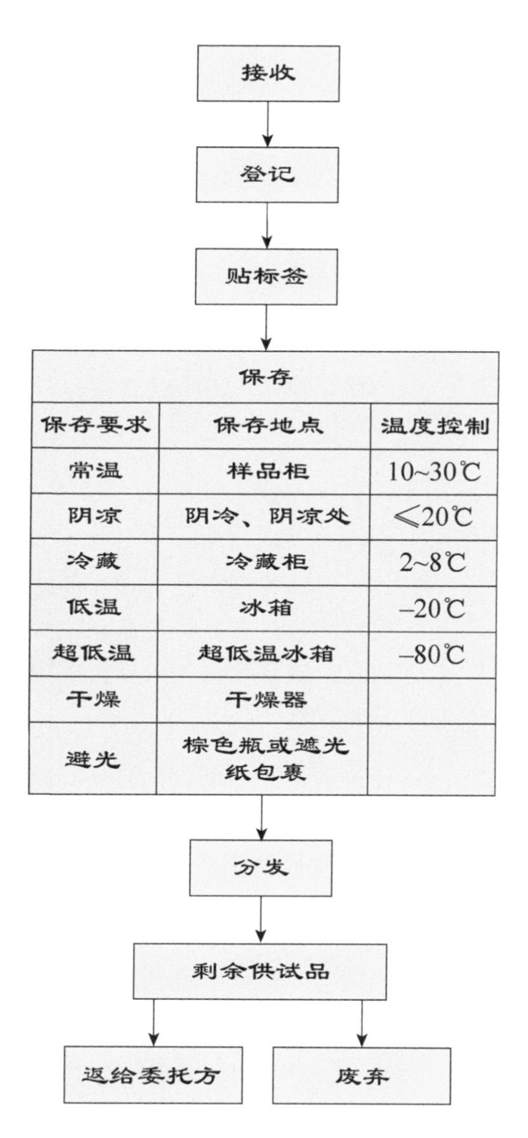

(1) 接收时仔细查看样品外包装有无破损、有无泄漏等，仔细核对样品的数量及规格；如有异常情况，及时记录。

(2) 登记供试品批号、含量或浓度、纯度和其他理化性质。

(3) 对供试品进行标识，标签内容包括样品名称、编号、重量、保存条件、接收日期和有效期等信息。

(4) 根据供试品所需保存条件进行保存。

(5) 供试品需由实验人员适量领取，分发过程中要避免污染及变质；生物制品使用后包装不可丢弃，必须经灭活处理。

(6) 实验后剩余供试品，按委托方要求返给委托方或废弃。

(7) 普通的供试品剩余量可倒入废液桶，统一收集处理。生物制剂和制品需经灭活处理。有毒药物集中于专用器具中，交由专门机构处理。

4.4 麻醉品管理

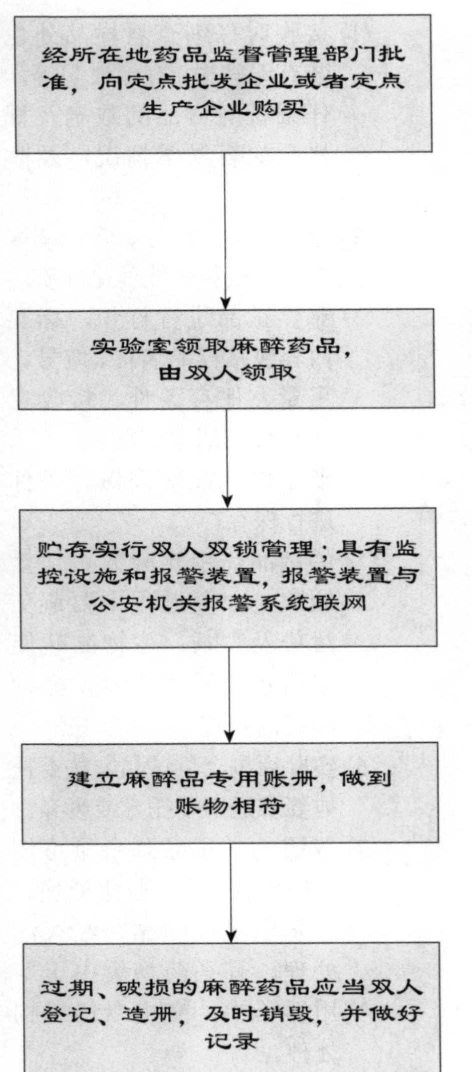

(1) 科学研究、教学单位需要使用麻醉药品和精神药品开展实验、教学活动时，应当经所在地省（自治区、直辖市）人民政府药品监督管理部门批准，向定点批发企业或者定点生产企业购买。

(2) 领取：实验室领取麻醉药品，由双人领取，当面点清。

(3) 贮存：安装专用防盗门，实行双人双锁管理；具有相应的防火设施；具有监控设施和报警装置，报警装置与公安机关报警系统联网。

(4) 建立麻醉品专用账册，做到账物相符。

(5) 严格执行保管、验收、核对登记制度。

(6) 销毁：对过期、破损的麻醉药品应当双人登记、造册，及时销毁，并做好记录。

4.5　废弃物处置

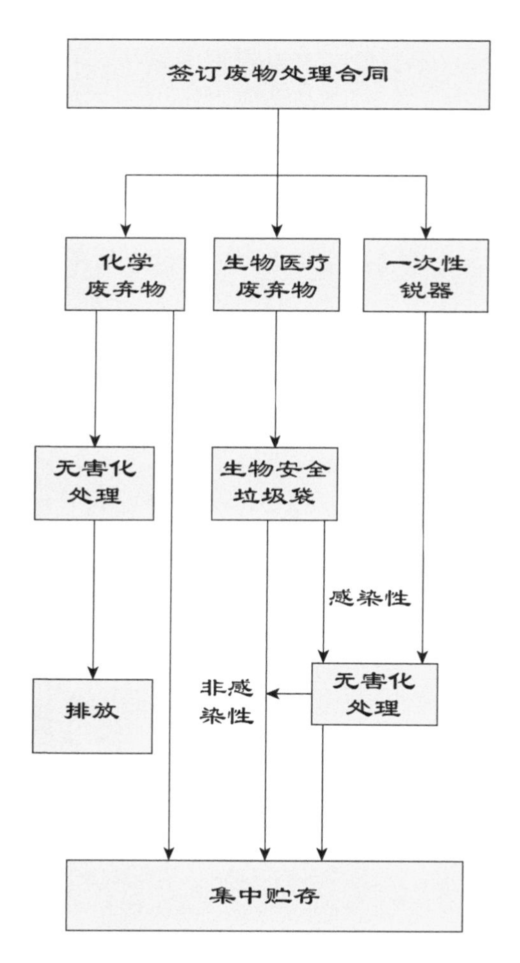

(1) 与专业的生物安全垃圾处理公司和化学废弃物处理公司签订处理合同。

(2) 一般性的液体化学废弃物：进行中和或大量稀释后，对环境无害的可直接排放。

(3) 有害的化学固体废弃物：进行回收后集中贮存，填写《化学废物回收登记表》，由专业处理公司回收处理。

(4) 非感染性生物废弃物：装入生物安全垃圾袋中，密封后集中贮存，由专业处理公司集中回收处理。

(5) 感染性生物废弃物：装入生物安全型垃圾袋中高压处理或消毒剂浸泡等无害化处理后，集中贮存，由专业处理公司回收处理；填写《废物处置记录》。

(6) 一次性锐器：包括实验所用一次性注射用针头、手术刀片、锯条及破碎玻璃等锐器，利器桶容量达到2/3 时高压消毒，交到管理部门，填写《锐器废物回收登记表》，统一处理。

4.6 实验物品管理

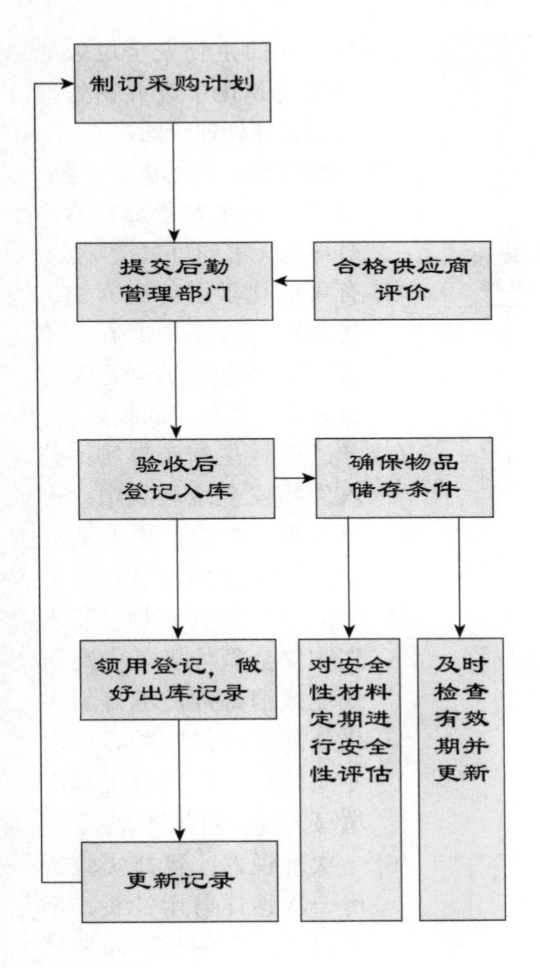

(1) 实验室根据实验需求制订物品采购计划。

(2) 实验材料的采购、供应商评估按照管理部门的采购程序进行。

(3) 实验室对所购物品的品种、规格、数量、质量等内容进行仔细验收，证实符合规定要求。

(4) 验收合格后登记入库、妥善保存。

(5) 管理部门负责督促实验室与供应商做好售后服务。

(6) 实验人员领取实验物品应进行登记。

(7) 物品的保存应注意环境的影响和物品间的相互影响，保证物品的良好状态和完整、安全。

(8) 安全性材料应进行安全性评估，如个体呼吸保护装置、手套、防护服等。

(9) 所有个人防护用品、消耗品、供应品和急救箱中的药品需及时更新。

4.7 消毒管理

4.7.1 高压蒸汽灭菌

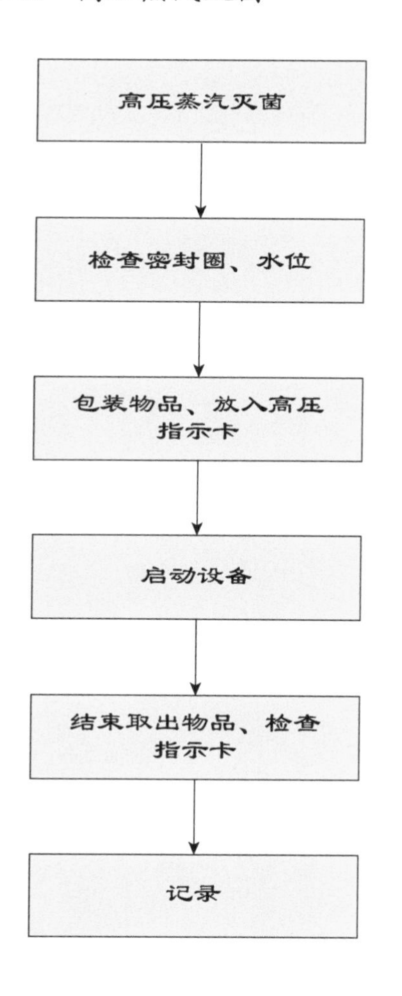

(1) 检查密封圈是否完好，检查锅内水位是否合适。

(2) 将待高压物品放入专用提篮内，体积不超过灭菌容器的 2/3，放入高压指示卡。

(3) 盖好盖子，选择灭菌模式，设定灭菌温度、时间，启动程序。

(4) 结束后，待压力显示为 0，打开灭菌器盖子，取出物品，检查指示卡颜色是否正常。

(5) 填写设备使用记录，将高压指示卡粘贴在使用记录上。

4.7.2 过氧化氢发生器消毒

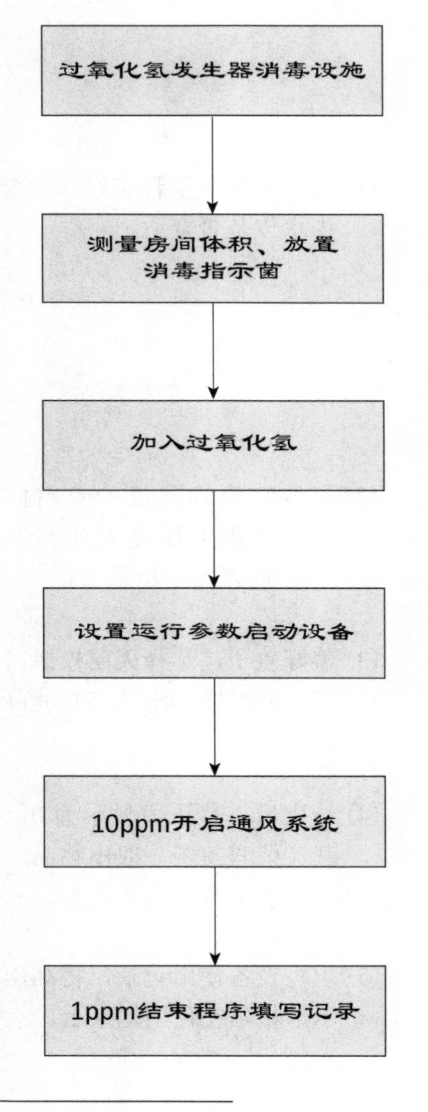

(1) 检查设备电量，关闭房间通风系统，密封房间所有进出风口。

(2) 使用红外测距仪测量房间长、宽和高，计算房间体积。

(3) 设置系统运行参数，根据系统显示加入适量 H_2O_2。

(4) 启动设备运行系统，H_2O_2 达到 10ppm[①]，开启房间的通风系统。

(5) 达到 1ppm 后结束程序。

① 1ppm=10^{-6}。

第 5 章　实验动物管理

实验动物是生命科学、医学创新研究的重要组成部分和可持续发展的重要支撑，是创新型国家的战略资源之一，对保障人类健康、食品安全、生物安全等也都具有重要的战略意义。食品安全、药物、疫苗、生物制品开发及人类疾病发病机制研究等与人类健康息息相关的领域都离不开实验动物。实验动物管理是动物实验成功的重要保证，实验动物管理的好坏直接影响着科学实验结果的可靠性和准确性。

5.1　动 物 准 备

5.1.1　动物运输

1. 啮齿类动物运输

1）动物运输工具要求

（1）实验动物的装运工具应当安全、可靠。能够保证有足够的新鲜空气维持动物的健康、安全和舒适的需要。

（2）运输工具应配备空调等设备，使实验动物环境温度符合相应等级要求，以保证动物的质量。

（3）患病或临产的动物，不宜长途运输；必须运输的，应有专人监护和照顾。

(4) 实验动物不应与感染性物质及可能伤害动物的物品混装在一起运输。

(5) 不得将不同品种、品系、等级的实验动物混合装运。

(6) 如果运输时间超过 6h，宜配备符合要求的饲料和饮水设备。

(7) 运输工具在每次运输实验动物前后均应进行消毒。

2) 动物运输包装

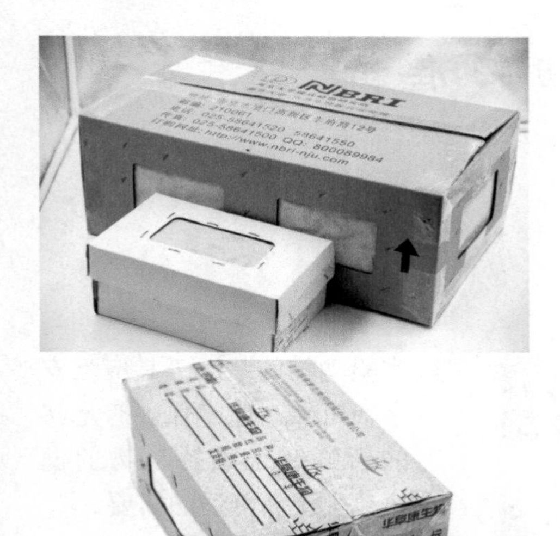

(1) 运输动物的包装应适宜于运输工具、便于装卸动物、适合动物种类、有足够的空间、通风良好、能防止动物破坏和逃逸、可防止粪便外溢。

(2) 包装应有标签，使用时，应注明动物品种、品系名称（近交系动物的繁殖代数）、性别、数量、质量等级、生物安全等级、运输要求、运出时间、责任人、警示信息等。

3）动物运输文件

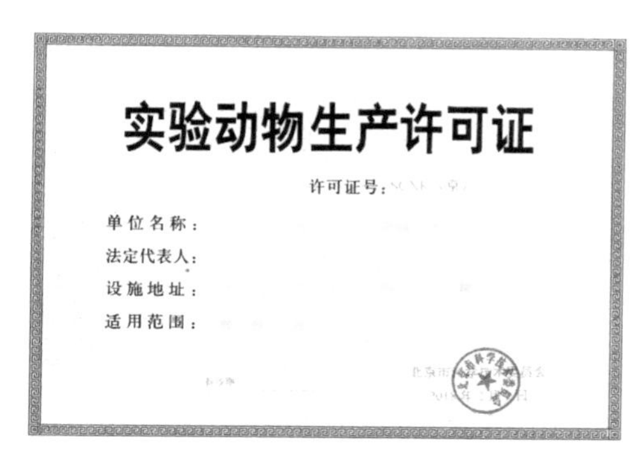

实验动物生产许可证

许可证号：

单位名称：

法定代表人：

设施地址：

适用范围：

北京市 实验动物质量合格证

No.

购买单位：

动物实验单位：

动物品种	品系	等级	动物规格			数量
			体重	日龄	性别	
小鼠	Gene	SPF级	20g	40	雄性	1
小鼠	Gene	SPF级	20g	40	雌性	4
最近一次质量检测日期	2017年11月22日		质量检测单位			
用途	科学研究		实验单位使用许可证编号			
出售单位（盖章）			许可证号	SCXK（京）2013-0002		

质量负责人：　　经手人：　　日期：

动物检疫合格证明（动物A）

编号：

货主		联系电话	
动物种类		数量及单位	
启运地点	省　市（州）　县（市、区）　乡（镇）　村（养殖场、交易市场）		
到达地点	省　市（州）　县（市、区）　乡（镇）　村（养殖场、屠宰场、交易市场）		
用途	承运人	联系电话	
运载方式	□公路 □铁路 □水路 □航空	运载工具牌号	
运载工具消毒情况	装运前经＿＿＿＿＿消毒		
本批动物经检疫合格，应于＿＿＿日内到达有效。 官方兽医签字：＿＿＿＿＿ 签发日期：　年　月　日 （动物卫生监督所检疫专用章）			
牲畜耳标号			
动物卫生监督检查站签章			
备注			

第一联　共二联

注：1. 本证书一式两联，第一联由动物卫生监督所留存，第二联随货同行。

2. 跨省调运动物到达目的地后，货主或承运人应在24小时内向输入地动物卫生监督机构报告。

3. 牲畜耳标号只需填写后3位，可另附纸填写，需注明本检疫证明编号，同时加盖动物卫生监督机构检疫专用章。

4. 动物卫生监督所联系电话：

（1）省内出售、运输实验动物：凭加盖实验动物生产单位印章的《实验动物生产许可证》（复印件）及附具的质量检测报告（复印件）出售、运输。

（2）跨省出售、运输实验动物：实验动物生产单位应当向所在地县级动物卫生监督机构申报检疫。

（3）动物卫生监督机构受理后，应当派官方兽医到现场实施检疫。对于符合条件的，出具《动物检疫合格证明》。

2. 非啮齿类动物运输

(1) 动物运输工具：动物的运输要采用安装有空调设备的专用运输车辆，运输过程中保证合理的动物密度，合理规划线路，减少各种延迟及意外。长途运输还要保证动物有充足的饮食饮水，灵长类动物可以添加水果饲喂。

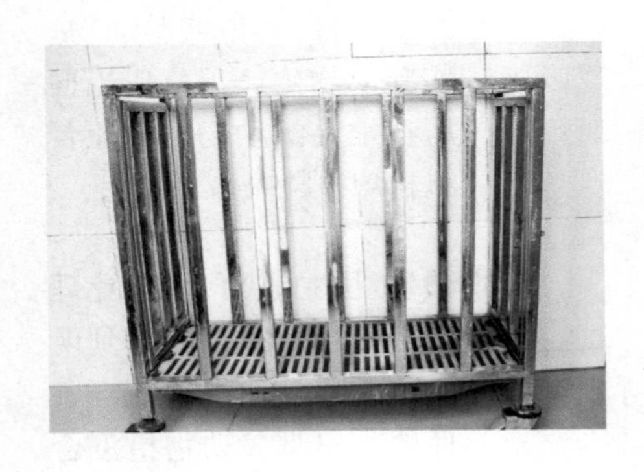

(2) 动物运输包装：在运输过程中要使用符合相关标准的笼具，防止动物密度过大、保证动物通风。如有特殊要求，还应进行相关的微生物防护，不同种属动物不能共同运输。犬和非人灵长类动物要求单笼运输，并且要有足够的空间使动物身体可以自然舒展。

(3) 动物运输文件：动物在经过铁路、公路和航空运输时要开具检疫部门出具的动物检疫相关证明。如涉及野生动物保护名录中的各级保护动物，在运输时还应携带相关部门签发的运输证件或者饲养繁殖单位的资质证明。

5.1.2　动物接收

1. 啮齿类动物接收

(1) 实验人员接收实验动物时需确认动物运输包装及《实验动物质量合格证》上的动物信息是否一致。

(2) 动物设施工作人员需确认《实验动物质量合格证》上的动物信息是否与《实验动物使用申请表》、《动物设施使用申请表》一致，并统一存档。

(3) 在动物的外包装表面均匀喷洒 75% 酒精，喷洒无死角。

(4) 将包装放到传递窗内，交叉码放，盒与盒之间留有间距。

(5) 打开紫外灯照射 10min。

(6) 照射结束后由消毒后室进入工作走廊。

2. 非啮齿类动物接收

(1) 核对相关文件：实验动物在到达实验场地时，相关人员要仔细查验动物编号、性别、数量、档案等基本资料，并详细记录。核对动物的检疫报告、免疫记录和动物质量合格证。

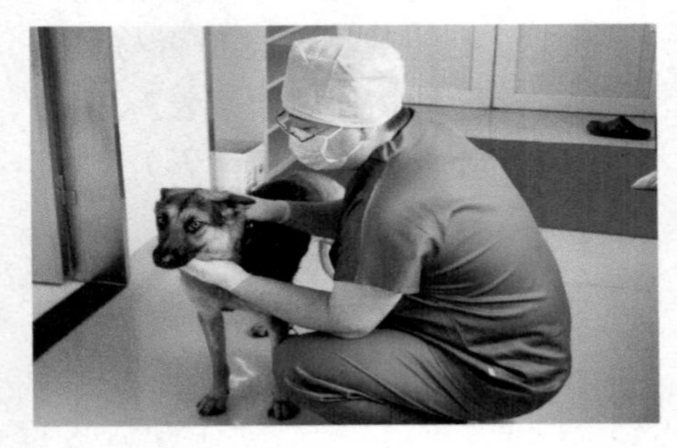

(2) 动物健康检查：动物在到场后，由实验动物医师进行检查，包括表皮和被毛、天然孔分泌物、体表寄生虫、外伤、先天性畸形或疾病，以及动物的呼吸、粪尿排泄物情况等，发现动物出现异常时，详细记录，对动物进行隔离，并通知负责人根据情况进行处理。

(3) 动物接收：只有检查正常，档案资料、相关检测报告齐全，且带有实验动物质量合格证的动物方可接收，并填写动物接收记录表。相关文件进行归档。如涉及野生动物保护名录中的各级保护动物，还应具有由林业部门签发的动物运输证。

5.1.3　动物检疫

1. 啮齿类动物适应环境

(1) 实验动物进入设施后设适应期，以消除运输应激对动物机体的影响。

(2) 运输对实验动物产生的应激主要表现为：动物反应激烈、恐惧或抑郁，攻击性加强，心率加快，饮食减少、腹泻、脱水，体内各种酶、激素的异常等。

(3) 一般啮齿动物适应性饲养为 2 ～ 5 天，可根据动物状况适当调整。

(4) 在适应期间观察动物的精神状态、食欲、营养状况、排泄物等生物指标（或根据实验要求增加其他指标），如有任何异常，应立即联系实验动物医师进行诊断，并做出相应处置。

2. 非啮齿类动物检疫

(1) 检疫期：家兔、小型猪、犬及非人灵长类等实验动物在动物接收后要进行 7 ～ 14 天的隔离检疫方可进行实验，以降低由于动物处于疾病潜伏期导致在动物接收时无法排除病患，而对实验结果造成影响。

(2) 检疫条件：动物检疫区域应该独立于动物实验区域外，以免患病动物感染其他实验动物，检疫区环境指标应符合国标要求。动物应进行单笼检疫，方便对每只动物进行观察，降低相互传染的风险。在检疫期内，动物出现异常应立刻进行隔离。

(3) 检疫内容：每日对动物进行观察，记录动物的精神状态、饮食饮水情况、粪便及其他分泌物的性状是否正常，实验动物医师对动物的日常健康状况进行观察记录。在检疫期间还可根据实验需要对动物进行驱虫或者预防免疫接种等。

5.2　动物设施准备

5.2.1　啮齿类动物准备

1. 动物饲料

(1) 饲料的营养充足与否是维持动物正常生长、繁殖乃至健康的先决条件，饲料的品质对实验动物生产和动物实验的结果起到关键、直接的影响。实验动物大多采用全价营养饲料。

(2) 合格的供应商必须具有饲料生产许可证，具有一定生产规模，生产质量稳定，能定期提供饲料营养成分和污染物的检测报告（1 ～ 2 次 / 年）。

(3) 饲料的消毒方法有两种：高压消毒和 ^{60}Co 射线照射。

(4) 贮存饲料的库房应当通风、阴凉、干燥，防止野鼠进入。保持库房卫生清洁，防止微生物的滋生繁殖。饲料坚持“先进先用”的原则。

2. 动物饮水

(1) 清洁级以上实验动物的饮水在符合 GB 5749《生活饮用水卫生标准》要求的基础上，必须达到无菌。

(2) 屏障环境动物饮用水处理方法包括反渗透膜过滤技术和高压灭菌。

(3) 动物在饮水过程中会将饲料碎渣通过水嘴带入到水瓶中，长时间可引起细菌的滋生繁殖或瓶塞堵塞。在动物饲养过程中，要保证动物饮用水及时更换。若实验需经饮水给药，需根据不同药物的半衰期制订水瓶更换频率。

3. 动物垫料

(1) 垫料的材质应符合对动物的健康和福利无害的吸湿性好、尘埃少、无异味、无毒性、无油脂、无伤害、耐高温、耐高压等要求。垫料须经灭菌处理后方可使用。

(2) 常用的垫料种类包括刨花、玉米芯、纸屑等。需注意的是，松树等针叶林类的刨木花多含芳香类物质，具有肝细胞毒性，影响动物健康。玉米芯不用在繁殖动物和禁食动物的饲养中，会影响动物筑巢，且动物啃食垫料会影响实验结果。

(3) 垫料的更换频率主要依据饲养动物的种类、笼内动物数量、设施的通风换气次数、设施的清洁卫生状况、氨浓度是否超标等。一般每两周更换 1 ～ 2 次，饮水瓶漏水造成垫料潮湿时应及时更换。

4. 饲养笼具

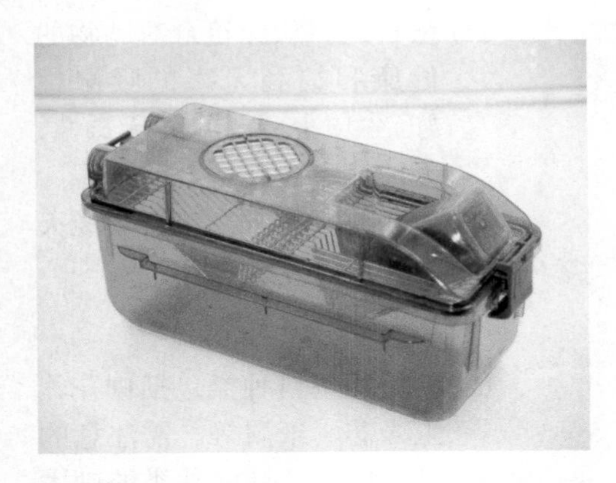

(1) 笼具的材质应符合对动物的健康和福利无害、无毒、无放射性、耐腐蚀、耐高温、耐高压、耐冲击、易清洗、已消毒灭菌等要求；笼具的内外边角均应圆滑、无锐角，动物不宜噬咬、咀嚼。笼子内部无尖锐的突起伤害动物。

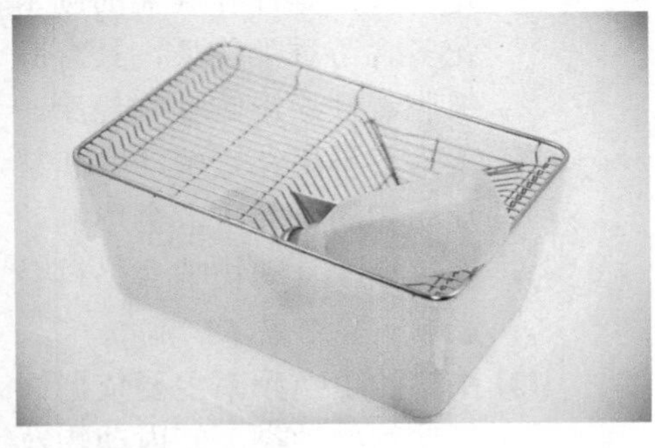

(2) 饲养不同种类的实验动物，应根据国标 GB14925《实验动物 环境及设施》中“常用实验动物所需居所最小空间”及动物饲养密度选择饲养笼具。

5.2.2　非啮齿类动物准备

（1）饲料：应该根据动物自身的生理阶段特性和实验要求合理选择饲料的种类。一般动物饲料分为繁殖期饲料、生长期饲料、维持期饲料及特殊饲料等。饲料到场后要查验饲料的生产合格证及保质期。

（2）饮用水：应选用符合市政饮用水标准的自来水，还可根据动物等级要求不同，选用专用实验动物饮水净化设备对饮用水进行灭菌净化处理。饮用水管线应采用专用材料进行铺设，防止管线老化生锈污染饮用水。

（3）饲养环境：应保证动物处于合适的温度、湿度、光照，换气次数、动物笼具尺寸均应满足 GB14925《实验动物环境及设施》，应最大限度保障动物充分活动的自由。

5.3 动物实验管理

5.3.1 IACUC 审批

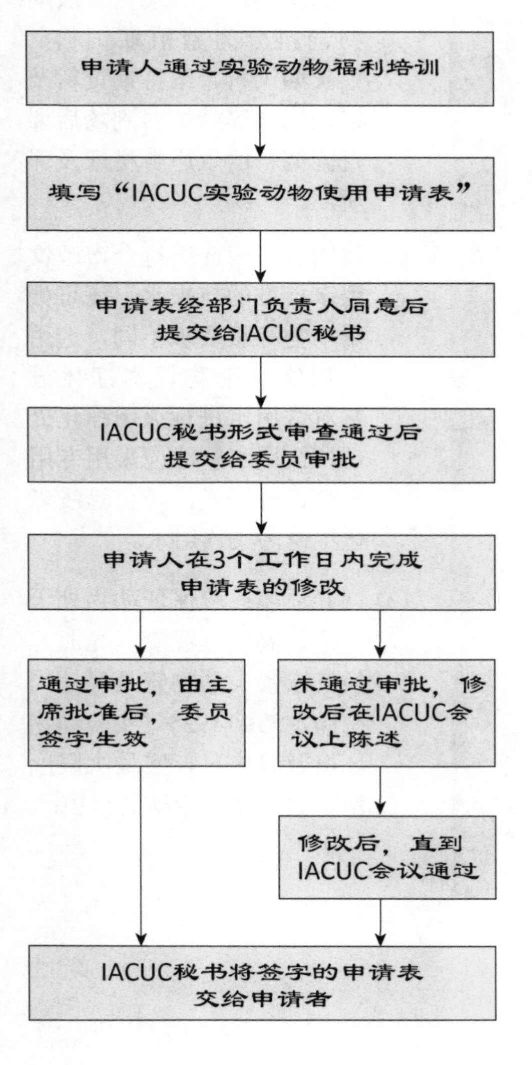

(1) 申请人应通过“实验动物从业人员培训系统”中的“动物福利”的线上和线下培训，并获得证书。

(2) 申请人填写“IACUC 实验动物使用申请表”。

(3) 申请表经部门负责人同意后提交给 IACUC 秘书。

(4) IACUC 秘书形式审查通过后提交给不少于 3 名委员审批。

(5) 申请人在 3 个工作日内根据委员的审批意见进行修改申请表，再次提交委员审批。

(6) 如修改后通过审批，由主席批准后，委员签字生效；如未通过审批，则修改后在 IACUC 会议上陈述，根据会上委员意见修改，直到 IACUC 会议通过。

(7) IACUC 秘书将通过审批的申请表交由委员签字，然后再交给申请者。

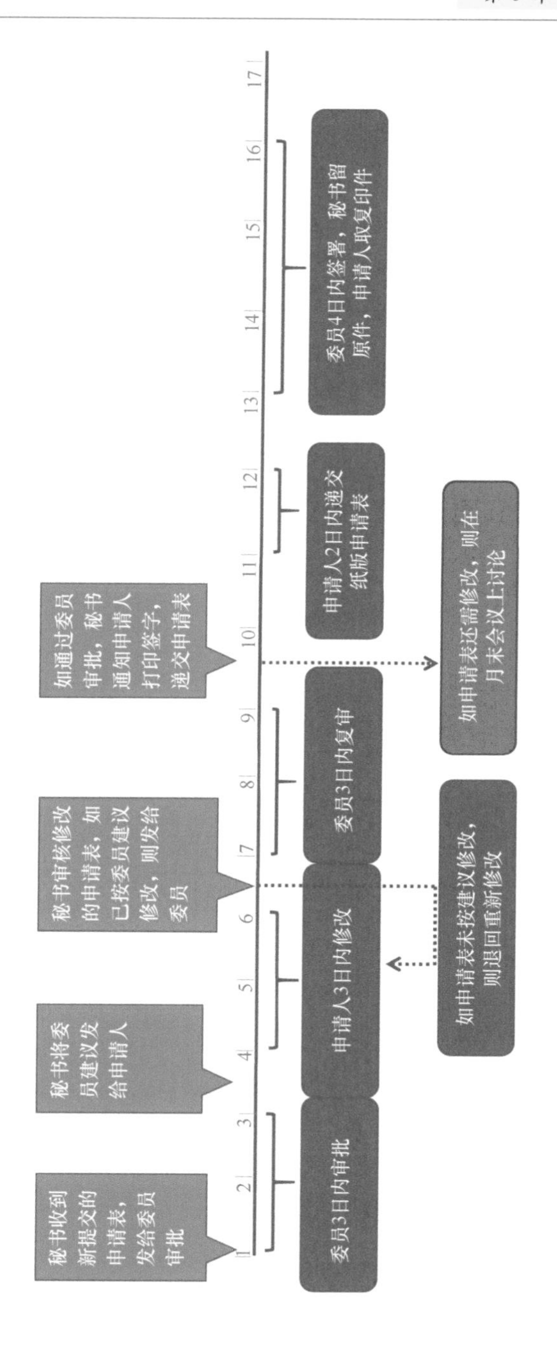

1
2
3
4
5
6
7
8
9
10
11
12
13
14
15
16
17
秘书收到新提交的申请表，发给委员审批
委员3日内审批
秘书将委员建议发给申请人
申请人3日内修改
秘书审核修改的申请表，如已按委员建议修改，则发给委员
如申请表未按建议修改，则退回重新修改
委员3日内复审
如通过委员审批，秘书通知申请人打印签字，递交申请表
如申请表还需修改，则在月末会议上讨论
申请人2日内递交纸版申请表
委员4日内签署，秘书留原件，申请人取复印件

IACUC 实验动物使用申请表

批 准 号：______________
实验编号：______________
批准日期：______________
有效日期：______________

<table>
<tr><td colspan="6">一、申请者基本情况</td></tr>
<tr><td>申请人</td><td></td><td>科室</td><td colspan="3"></td></tr>
<tr><td>电话</td><td></td><td>传真</td><td></td><td>E-mail</td><td></td></tr>
<tr><td>课题名称</td><td colspan="5"></td></tr>
<tr><td>申请类型</td><td colspan="5">□紧急项目申请　　□初次常规申请
□复审　　或　　□修改原申请（原申请批准号________________）</td></tr>
<tr><td colspan="6">列出所有参与课题中接触实验动物的人员及课题负责人</td></tr>
<tr><td>姓名</td><td>分工</td><td colspan="2">是否接受实验室安全培训
(LSC 委员会主任签字）</td><td colspan="2">是否接受实验动物使用和饲养的培训（兽医签字）</td></tr>
<tr><td></td><td></td><td colspan="2"></td><td colspan="2"></td></tr>
<tr><td></td><td></td><td colspan="2"></td><td colspan="2"></td></tr>
<tr><td></td><td></td><td colspan="2"></td><td colspan="2"></td></tr>
<tr><td></td><td></td><td colspan="2"></td><td colspan="2"></td></tr>
<tr><td></td><td></td><td colspan="2"></td><td colspan="2"></td></tr>
</table>

二、实验动物			
种类（品种、品系）		年龄	
体重 / 大小		性别	
数量		来源	
饲养场所		实验场所	

<table>
<tr><td colspan="5">三、饲养环境</td></tr>
<tr><td>普通环境□</td><td>屏障环境□</td><td>隔离环境□</td><td>ABSL-2 □</td><td>ABSL-3 □</td></tr>
<tr><td colspan="5">是否单笼饲养　是□　单笼饲养原因：________________________________
否□　每笼动物数量：______________　笼具尺寸：______________
环境丰容措施：____</td></tr>
<tr><td colspan="5">四、动物的运送
（是否需要运送，如果需要，说明运送的路线和使用的运输工具、包装和随运文件等）</td></tr>
</table>

五、研究的目的（简单描述研究的目的，以及该研究对人类、动物、科学研究的贡献）	
六、使用实验动物的依据（解释使用动物的原理；阐述选择动物属种和数量的依据）	
七、描述动物实验的设计和操作程序	
给药（所有的施于动物的药品 / 受试物 / 其他化学处理）	物质________ 部位________ 途径______ 剂量________ 体积________ 频率______
标本的收集	标本名称________ 体积________ 部位________ 时间____________ 方法________
限制动物的方法	（描述实验全过程中，可能对动物实施的所有限制措施和限制时间）
动物识别方法	耳号□ 文身□ 挂牌□ 芯片□ 其他________
对动物的损害	（描述实验全过程中，所有实验操作、施与动物的受试品、使用的相关制剂等对动物带来的危害）
理想的实验终结标准	（描述完成实验任务的具体标准）
具体实验操作步骤（非手术）	
八、手术操作程序（如需要，请填写本目录）	
具体操作步骤	
手术操作人是否有资质或经验	
手术执行的地点	
实验后的护理	
在本研究开始前，是否有动物已经被进行过手术	□否 □是，具体说明：______________________________
九、疼痛的来源及分类	
来源： □ A 动物园式仿生圈养之苦 □ B 实验动物笼养限制之苦 □ C 轻微，或一过性，或无疼痛 □ D 有疼痛，但能够解除 □ E 不能缓解的疼痛	
十、麻醉和镇痛	
麻醉或镇痛的方法	1. 缓解动物疼痛： 2. 安乐死：
麻醉剂	名称____________ 剂量__________ 使用方式__________ 时间__________
手术实验	术前： 术中： 术后：

十一、仁慈终点和安乐死	
仁慈终点的判定	
如何执行安死术	麻醉剂名称__________ 剂量__________ 使用方法__________
动物尸体的处理	
十二、危害环境的实验材料（应得到安全委员会的批准）	
否　是（说明）　使用物品的名称 1. 生物物品 ____ ____ ______________ 2. 放射性同位素 ____ ____ ______________ 3. 有毒的化学（药）品 ____ ____ ______________ 4. 基因工程材料 ____ ____ ______________ 具体描述安全操作和处理被污染的动物及有关污染物： 实验室安全委员会主任签字：______________	
十三、特殊操作和仪器设备	
特殊笼具	繁殖笼□　代谢笼□　行为训练测试笼□ 其他：__________
限制饮水	是□　时间：________　否□
禁 / 限食	是□　时间：________　否□
特殊仪器设备	X-光机□　核磁共振仪□　CT 仪□ 跳台□　跑台□　转杆□ 迷宫□　固定架 / 台 □　猴限制椅□ 其他：__________
十四、实验动物福利其他措施和紧急情况处理预案	
1. 日常饲养观察、实验观察和兽医管理： 每天观察的人员和观察次数：	
2. 动物在进入实验前的训练： 训练内容：	
3. 实验过程中动物可能出现的异常 / 突发情况处理： □瘫痪，相应处理：□定期按摩（频率：____）□定期更换铺垫物（频率：____） □不食，相应处理：□定期提供营养乳（频率：____） □体温波动，相应处理：□体温监测（频率：____）□保温（频率：____） □体重波动，相应处理：□称体重（频率：____） □疼痛，相应处理：□麻醉镇痛药物：名称____剂量____使用方式____ □止痛药膏：名称____剂量____使用方式____	

4. 针对开展认知训练测试动物的痛苦的措施：	
5. 人或动物意外伤害的紧急处理措施（抓伤、咬伤、划伤、扎伤、摔伤……）	
十五、项目负责人承诺	
1 本人参加动物实验培训，并获得资格证书。 参加时间：　年_____月_____　　参加地点：______________ 2 本课题组成员都参加过动物实验的培训。 3 以上填写内容属实，本人对动物实验的设计的科学性、合理性和可行性负全责。 申请人签字：__________ 部门负责人签字：__________　　　　日期：______年______月______日	
十六、兽医意见	
十七、以下内容为实验动物使用和管理委员会填写	
意见	签名
十八、委员会主任审核意见： 委员会主任签字：__________　　　　日期：______年______月______日	

5.3.2 动物进入动物设施

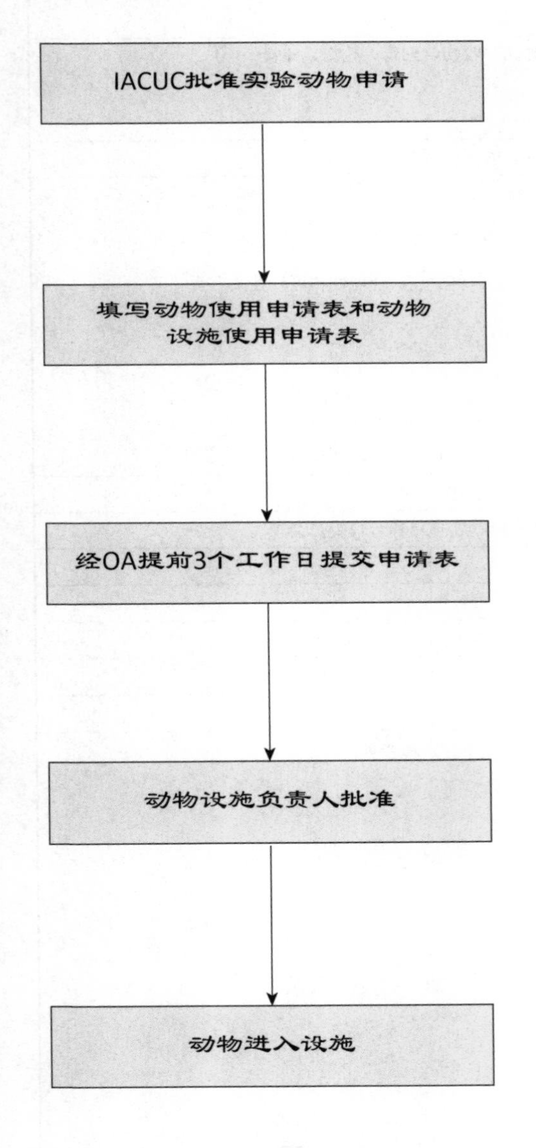

(1) 实验人员首次使用IACUC申请号申请动物设施使用时，需将IACUC批准的实验动物使用申请表扫描件经OA提交。

(2) 实验人员填写动物使用申请表与动物设施使用申请表，需至少提前3天通过OA提交。

(3) 动物设施负责人确认动物进入设施信息，核对无误后，根据设施情况安排饲养空间。

(4) 申请经动物设施负责人批准后，方可进动物。

动物设施使用申请表

申请日期： 申请人： 联系电话：

项目组		项目负责人	
项目名称			
IACUC 号			
动物设施种类	☐ ABSL-2 ☐ IVC ☐屏障		
使用起止时间			
拟使用笼位数			
动物进入时间			
进入动物设施人员			
项目负责人意见			
管理部门意见	负责人： 日期：		

动物使用申请表

IACUC 批准号（IACUC No.）：_____________有效期（Data of expiration）______
动物到达日期（Date required）：________________________________
实验周期（Study duration）：________________________________
动物品种（Species）：________________动物品系（Strain）：________________
动物级别（Grade of animal）________________________________
动物供应商（Supplier）：________________________________
动物数目（Number of animals）：
♂（实验所需 Without spare）_____ ♂（备用动物 Spare）_____ ♂（总数 Total）_____
♀（实验所需 Without spare）_____ ♀（备用动物 Spare）_____ ♀（总数 Total）_____
动物年龄（Age at arrival）：
♂________________________ ♀________________________
动物预计体重（Body weight at arrival）
♂________________________ ♀________________________
特殊要求（Special considerations）：
____

动物饲养要求：
动物笼 Cage（请选择）：
A. 塑料笼（Shoebox bin） B. 代谢笼（Metabolic cage）
C. 隔离器（Isolator） D. 独立通风笼（IVC） E. 其他（Other）

垫料 Bedding（请选择）：
A. 玉米芯（Corn cob） B. 木屑（Wood shavings）
C. 纸屑（Shredded paper） D. 其他（Other）

水 Water（请选择）：
A. 设施饮水（Water in facility） B. 药物饮水（Medicine in water）

饲料 Feed（请选择）：
A. 颗粒饲料（Pelleted diet） B. 粉末饲料（Powdered diet）
C. 特殊饲料（Special diet）__________________________

实验人员签名（SD signature）_______________ 日期（Date）_______________

5.3.3 实验人员进入动物设施

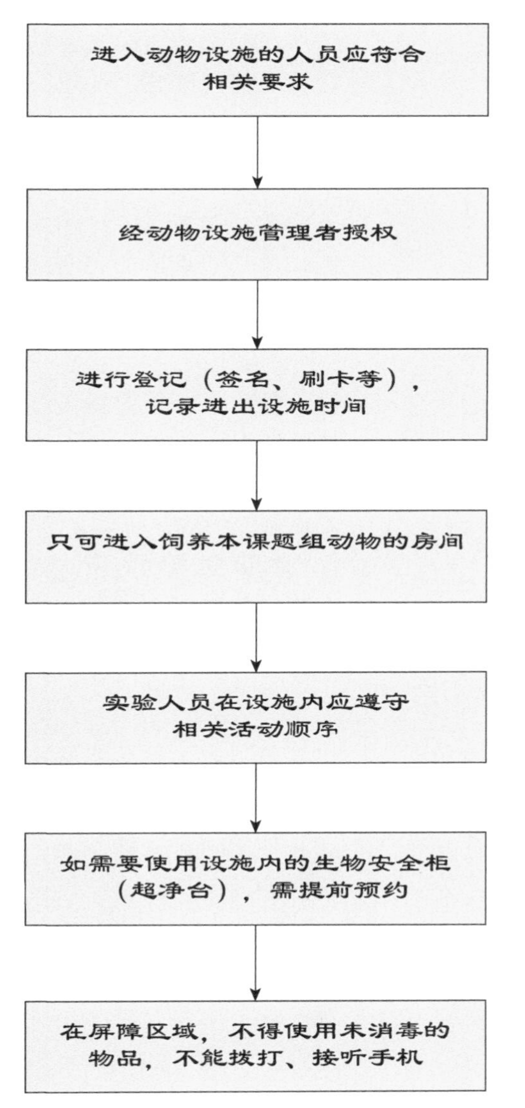

(1) 获得实验动物从业人员上岗证，通过“实验动物从业人员培训系统”《动物设施管理》和《动物福利》的线上和线下培训，1 周内未进入其他相关动物设施。

(2) 实验动物使用申请经动物设施负责人批准后可以进动物。

(3) 进入动物设施，应按规定进行登记（签名、刷卡等），记录进出设施时间。

(4) 实验人员只可以进入饲养有本课题组动物的房间，不得进入其他研究者的动物房，饲喂其他科室的动物。

(5) 实验人员在设施内的活动顺序，应按照“免疫缺陷动物—基因修饰动物—常规动物”顺序进行。

(6) 如实验人员的动物饲养在 IVC 内，应提前预约该房间的生物安全柜（或超净台），按照预约时间进入动物设施。

(7) 在屏障区域，不得使用未消毒的物品，不能解开防护服、拨打或接听手机。

5.3.4 外来人员进入动物设施

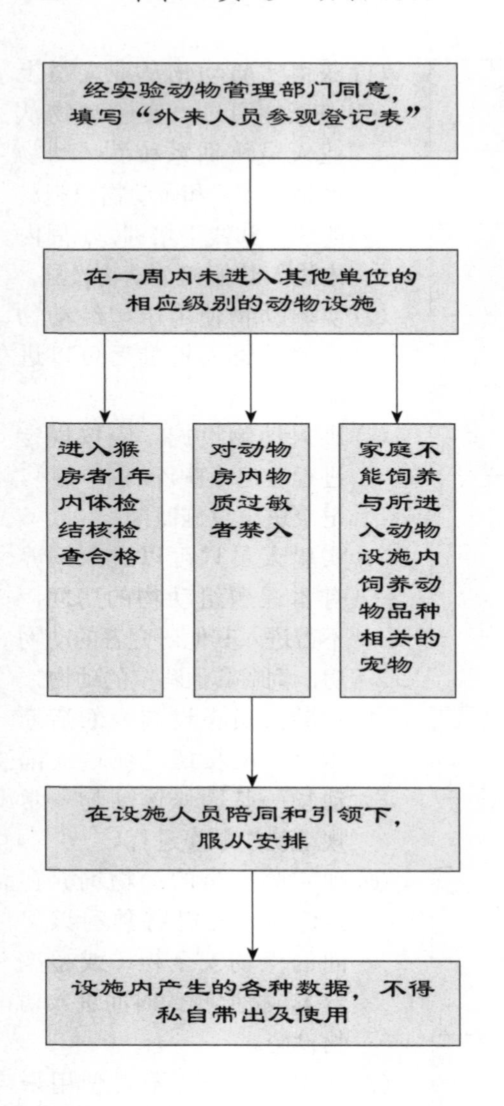

(1) 进入动物设施需经实验动物管理部门同意，并填写“外来人员参观登记表”。

(2) 外来人员均需在一周内未进入过其他单位的相应级别的动物设施。

(3) 进入猴房者 1 年内体检结核检查合格。

(4) 对动物房内物质有过敏者不得进入设施。

(5) 家庭饲养的宠物与所进入动物设施内饲养动物品种相关，不得进入相关区域。

(6) 外来人员应由动物设施相关人员陪同，不得随意挪动和使用设施内的物品、仪器等设备。

(7) 设施内的记录、影像、表格、SOP，以及产生的各种数据，不得私自带出及使用。

外来人员进入动物饲养设施登记表
Registration form for visitor

<table>
<tr><td>姓名
(Name)</td><td colspan="2"></td><td>性别
(Sex)</td><td></td></tr>
<tr><td colspan="5">单位
(Company)</td></tr>
<tr><td rowspan="3">关于动物设施
(About facility)</td><td colspan="2">最近一周是否进过其他动物设施
(Do you have entered other animal facilities in last week)</td><td colspan="2"></td></tr>
<tr><td colspan="2">进入的动物设施类型
(What kind of facility)</td><td colspan="2"></td></tr>
<tr><td colspan="2">所接触的动物种类
(What kind of animal)</td><td colspan="2"></td></tr>
<tr><td rowspan="2">关于宠物
(About pets)</td><td colspan="2">家里是否养宠物
(Do you breed pet in your family)</td><td colspan="2"></td></tr>
<tr><td colspan="2">宠物种类
(Kind of pet)</td><td colspan="2"></td></tr>
<tr><td rowspan="2">关于过敏
(About allergy)</td><td colspan="2">是否过敏
(Are you allergic to something)</td><td colspan="2"></td></tr>
<tr><td colspan="2">对何物质过敏
(Kind of allergen)</td><td colspan="2"></td></tr>
<tr><td>最后一次体检时间
(When did the last physical examination)</td><td></td><td>体检结果
(Result of physical examination)</td><td colspan="2"></td></tr>
<tr><td>备注
(Others)</td><td colspan="4"></td></tr>
</table>

签名 / 日期（Visitor signature/date）：___________

5.3.5 实验物品

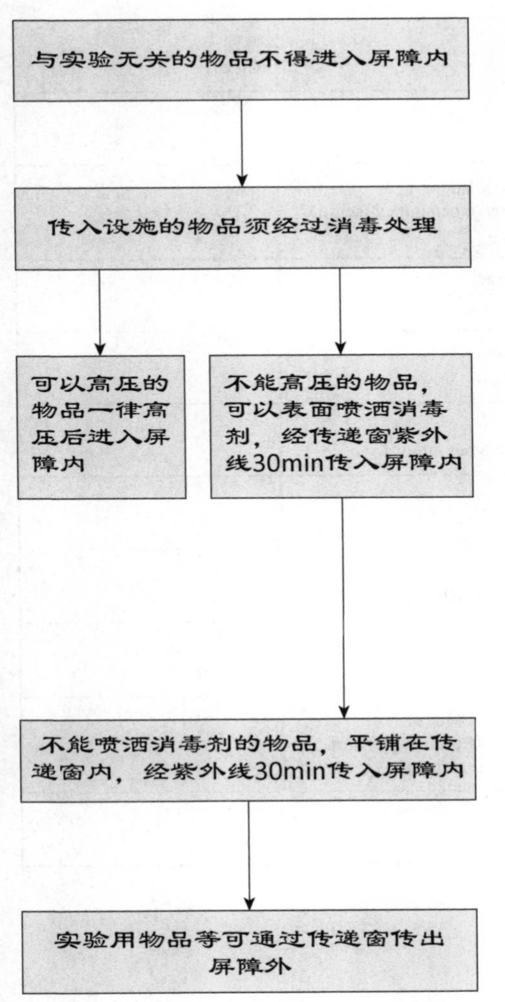

(1) 与实验无关的一切物品，不得进入屏障内。

(2) 传入设施的有关物品必须根据设施的环境标准，接受相应的消毒处理。

(3) 可以高压的物品（如工作服、垫料、笼具、饮水瓶、不锈钢制品等），一律高压后进入屏障内。

(4) 不能高压的物品（如塑料容器等），可以表面喷洒化学消毒剂，或75%酒精后，经传递窗紫外线30min传入屏障内。

(5) 不能喷洒消毒剂的记录纸或仪器，平铺在传递窗内，经紫外线30min传入屏障内。

(6) 实验用物品（试验记录纸、供试品等）等可通过传递窗传出屏障外。

5.4　实验动物异常处理方案

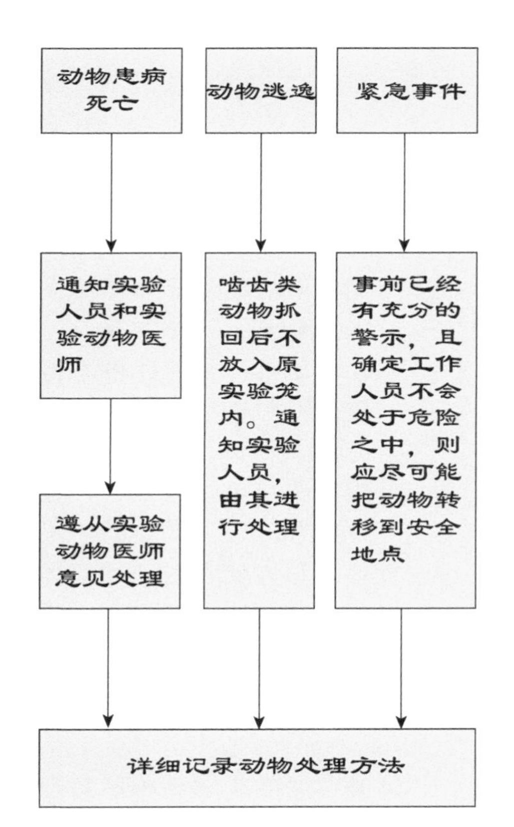

(1) 动物患病、死亡：通知实验人员和实验动物医师，实验动物医师根据动物情况作出初步诊断，并提出解决方案；实验人员应遵从实验动物医师意见，实施相应解决措施。

(2) 动物逃逸：啮齿类动物抓回后不放入原实验笼内，填写相应记录后通知实验人员，由其进行处理。

(3) 紧急事件：如果某项紧急事件（火灾、水灾、地震等）事前已经有充分的警示，且确定工作人员不会处于危险之中，则应尽可能把动物转移到安全地点。转移时，应考虑到以下因素：

- 有多少可以用于转移的时间；
- 应转移价值高的动物（如成年的、健康的动物）；
- 转移笼具的数量是否充足；
- 转移的联系人是谁；
- 转移时需要用到何种运输工具。

5.5　动物尸体处理

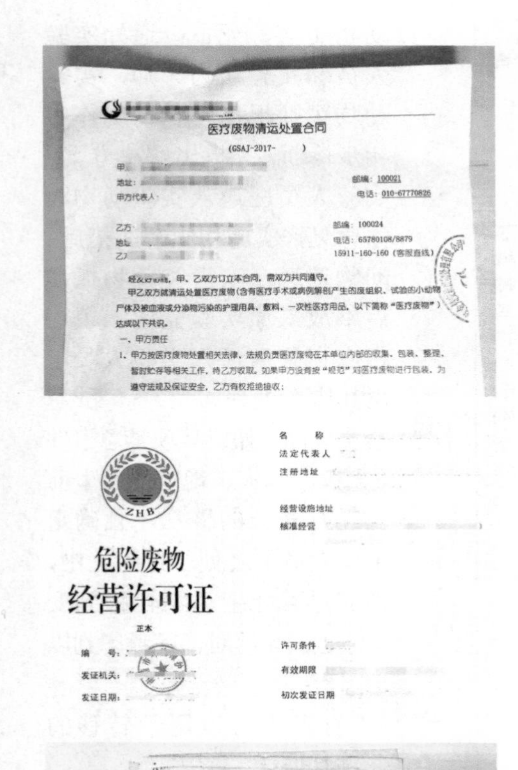

医疗废物清运处置合同

(GSAJ-2017-　　)

甲方：

地址：　　　　邮编：100021

甲方代表人：　　　　电话：010-67770826

乙方：　　　　邮编：100024

地址：　　　　电话：65780108/8879

乙方　　　　15911-160-160（客服直线）

经友好协商，甲、乙双方订立本合同，需双方共同遵守。

甲乙双方就清运处置医疗废物（含有医疗手术或病例解剖产生的废组织、试验的小动物尸体及被血液或分泌物污染的护理用具、敷料、一次性医疗用品，以下简称“医疗废物”）达成以下共识。

一、甲方责任

1、甲方按医疗废物处置相关法律、法规负责医疗废物在本单位内部的收集、包装、整理、暂时贮存等相关工作，待乙方收取。如果甲方没有按“规范”对医疗废物进行包装，为遵守法规及保证安全，乙方有权拒绝接收；

ZHB

危险废物

经营许可证

正本

编　　号：

发证机关：

发证日期：

名　　称

法定代表人

注册地址

经营设施地址

核准经营

许可条件

有效期限

初次发证日期

(1) 经安乐处死的动物尸体，取材完毕后，放入专用塑料袋中打结密封，集中存放于–20℃动物尸体贮存冰箱。

(2) ABSL-2 实验室及以上级别实验室的动物尸体需经高压灭菌处置后移出实验室。

(3) 存放动物尸体的冰柜不得放置其他物品。

(4) 与经环保部门批准的、有资质的医疗废物处理公司签订合同。

(5) 待冰箱内储存的动物尸体达到 2/3 时，联系清运动物尸体并进行无害化处理。

危险废物（医疗废物专用）转移联单　NO:0070769

危险废物（医疗废物专用）转移联单　NO:0073252

危险废物（医疗废物专用）转移联单　NO:0073733

(6) 将“危险废物转移联单”存档。

(7) 不得随意丢弃实验动物尸体，严禁食用或出售。

5.6 动物设施消毒

5.6.1 设施常用化学消毒剂

(1) 根据对微生物的杀灭种类和效果，化学消毒剂可分为高效消毒剂、中效消毒剂和低效消毒剂，其作用对象及常用种类如下表。

分类	作用对象	举例
高效消毒剂	亲脂病毒、细菌繁殖体、真菌孢子、亲水病毒、分枝杆菌、细菌芽孢	甲醛、戊二醛、过氧化氢、过氧乙酸、二氧化氯、环氧乙烷、含氯类（如次氯酸钠、次氯酸钙、84 消毒液）
中效消毒剂	亲脂病毒、细菌繁殖体、真菌孢子、亲水病毒、分枝杆菌	醇类（如乙醇、异丙醇）、含碘类（如碘伏、碘酒）、酚类（如来苏儿）
低效消毒剂	亲脂病毒、细菌繁殖体、部分真菌	新洁尔灭、洗必泰

(2) 动物设施常用的化学消毒剂及其适用范围、配制、消毒方法如下表。

<table>
<tr><th>名称</th><th>适用范围</th><th>配制方法</th><th>消毒方法</th><th>注意事项</th></tr>
<tr><td>过氧乙酸</td><td>耐腐蚀物品、环境、空气</td><td>A、B 液混合，室温放置 24h</td><td>喷雾、浸泡、擦拭、喷洒</td><td rowspan="3">现用现配；
对金属有腐蚀性，对织物有漂白作用；
使用时需佩戴口罩、手套，使用浓溶液时谨防液体喷溅</td></tr>
<tr><td>过氧化氢</td><td>塑料制品、饮水、空气</td><td>用去离子水稀释至所需浓度</td><td>喷雾、浸泡、擦拭</td></tr>
<tr><td>含氯类（如次氯酸钠、84 消毒液）</td><td>物体表面、环境、水</td><td>用去离子水稀释至所需浓度</td><td>浸泡、擦拭、喷洒</td></tr>
<tr><td>乙醇</td><td>皮肤、物体表面、医疗器械</td><td>购置 75% 医用乙醇成品</td><td>浸泡、擦拭</td><td>忌明火；严禁使用工业乙醇</td></tr>
<tr><td>季铵盐类（新洁尔灭）</td><td>手、皮肤黏膜、物体表面</td><td>用去离子水稀释至所需浓度</td><td>浸泡、擦拭</td><td>不与肥皂或其他阴离子洗涤剂合用</td></tr>
</table>

5.6.2 设施启用前消毒

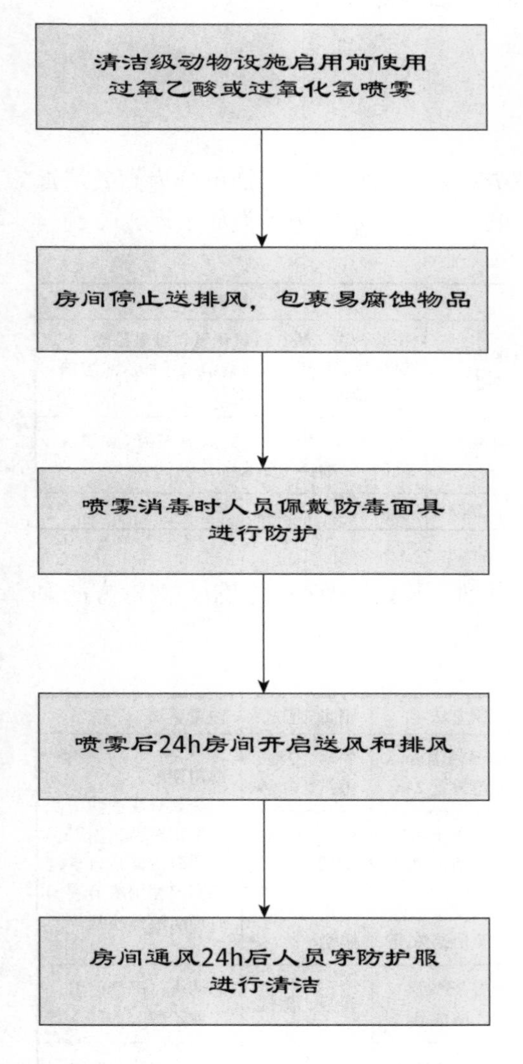

(1) 清洁级动物设施启用前的消毒，可采用过氧乙酸或过氧化氢喷雾的方法。

(2) 过氧乙酸的配制：将过氧乙酸A液、B液混合，室温放置24h后备用（AB混合液的保存期为一个月）。将AB混合液加水稀释，使终浓度为2%，此溶液现用现配，保存期限为24h。

(3) 房屋的准备：将风机停止送风和排风，将送风口和回风口用牛皮纸或报纸遮挡。将喇叭、摄像头、灯架和门把手等易腐蚀的物品用塑料袋严密包裹。

(4) 喷雾消毒时人员操作要佩戴防毒面具。过氧乙酸喷雾消毒使用量为50ml/m^3。过氧化氢操作参见过氧化氢消毒程序。

(5) 送风：喷雾后24h，拆掉送风口和回风口的纸张，开始送排风。

(6) 通风24h后，人员穿着防护服，使用无菌布将墙面、地面等物体表面擦拭干净。

5.6.3　设施内物品清洗消毒

<table>
<tr><th>项目
物品</th><th>清洗方法</th><th>标准</th><th>灭菌</th><th>标准</th></tr>
<tr><td>鼠盒 / 水瓶</td><td>清洗干净，冲洗 1 遍</td><td>干净，无残留</td><td>高压灭菌</td><td>指示卡变色</td></tr>
<tr><td>鼠盒盖</td><td>清洗干净，冲洗 1 遍</td><td>干净，无残留</td><td>高压灭菌</td><td>指示卡变色</td></tr>
<tr><td>垫料</td><td>/</td><td>/</td><td>高压灭菌</td><td>指示卡变色</td></tr>
<tr><td>工作服</td><td rowspan="2">清洗干净</td><td rowspan="2">干净</td><td rowspan="2">高压灭菌</td><td rowspan="2">指示卡变色</td></tr>
<tr><td>墩布头</td></tr>
<tr><td>工作车</td><td>擦拭干净</td><td rowspan="4">干净，无残留</td><td rowspan="3">84 消毒液
或新洁尔灭擦拭</td><td rowspan="4">不留死角</td></tr>
<tr><td>地面</td><td>擦拭干净</td></tr>
<tr><td>笼架</td><td>擦拭干净</td></tr>
<tr><td>拖鞋</td><td>清洗干净，冲洗 1 遍</td><td>84 消毒液擦拭</td></tr>
</table>

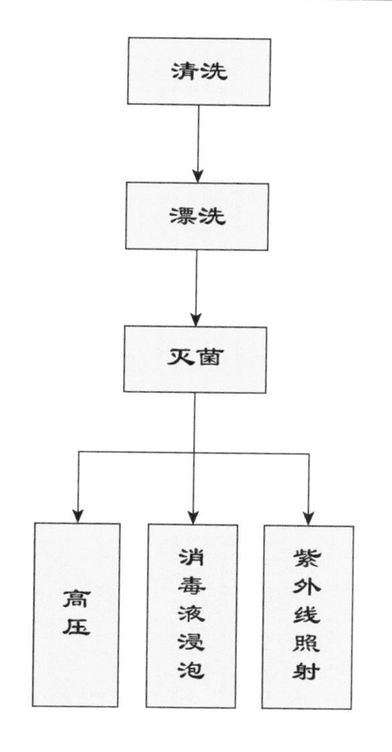

(1) 实验用具（注射辅助用具、标本采集用具、动物固定用具等）：应清洗后放置在指定区域码放整齐，备用。

(2) 饲育用具：在清洗池用清水刷洗干净，在漂洗池漂洗多次，保证残留物被冲洗干净，码放整齐，备用。

(3) 按物品性质选择消毒方式，物品方可进入动物设施。耐高压的物品必须经高压灭菌，如笼具、不锈钢制品等。不耐高压但可经化学消毒剂浸泡的物品用消毒液浸泡，如塑料容器等。以上方法均不适用的物品，在表面喷洒 75% 酒精，经紫外照射消毒后传入设施。

实验动物科学丛书

I 实验动物管理系列
实验室管理手册（8，978-7-03-061110-9）
常见实验动物感染性疾病诊断学图谱
实验动物科学史
实验动物质量控制与健康监测
II 实验动物资源系列
实验动物新资源
悉生动物学
III 实验动物基础科学系列
实验动物遗传育种学
实验动物解剖学
实验动物病理学
实验动物营养学
IV 比较医学系列
实验动物比较组织学彩色图谱（2，978-7-03-048450-5）
比较影像学
比较解剖学
比较病理学
比较生理学
V 实验动物医学系列
实验动物疾病（5，978-7-03-058253-9）
实验动物医学
VI 实验动物福利系列
实验动物福利
VII 实验动物技术系列
动物实验操作技术手册（7，978-7-03-060843-7）
VIII 实验动物科普系列
实验室生物安全事故防范和管理（1，978-7-03-047319-6）
实验动物十万个为什么
IX 实验动物工具书系列
中国实验动物学会团体标准汇编及实施指南（第一卷）（3，978-7-03-053996-0）
中国实验动物学会团体标准汇编及实施指南（第二卷）（4，978-7-03-057592-0）
中国实验动物学会团体标准汇编及实施指南（第三卷）（6，918-7-03-060456-9）